D1985878

BIM und Lean Construction

Jetzt diesen Titel zusätzlich als E-Book downloaden und 70 % sparen!

Als Käufer dieses Buchtitels haben Sie Anspruch auf ein besonderes Kombi-Angebot: Sie können den Titel zusätzlich zum Ihnen vorliegenden gedruckten Exemplar für nur 30 % des Normalpreises als E-Book beziehen.

Der BESONDERE VORTEIL: Im E-Book recherchieren Sie in Sekundenschnelle die gewünschten Themen und Textpassagen. Denn die E-Book-Variante ist mit einer komfortablen Volltextsuche ausgestattet!

Deshalb: Zögern Sie nicht. Laden Sie sich am besten gleich Ihre persönliche E-Book-Ausgabe dieses Titels herunter.

In 3 einfachen Schritten zum E-Book:

1. Rufen Sie die Website **www.beuth.de/e-book** auf.

2. Geben Sie hier Ihren persönlichen, nur einmal verwendbaren E-Book-Code ein:

   26741892CBF2222

3. Klicken Sie das „Download-Feld“ an und gehen dann weiter zum Warenkorb. Führen Sie den normalen Bestellprozess aus.

Hinweis: Der E-Book-Code wurde individuell für Sie als Erwerber dieses Buches erzeugt und darf nicht an Dritte weitergegeben werden. Mit Zurückziehung dieses Buches wird auch der damit verbundene E-Book-Code für den Download ungültig.

BIM und Lean Construction

DIN

Samy Kröger

BIM und Lean Construction

Synergien zweier Methodiken

1. Auflage 2018

Herausgeber:
DIN Deutsches Institut für Normung e. V.

Beuth Verlag GmbH · Berlin · Wien · Zürich

Herausgeber: DIN Deutsches Institut für Normung e. V.

Berlin · Wien · Zürich
Am DIN-Platz
Burggrafenstraße 6
10787 Berlin

Telefon: +49 30 2601-0
Telefax: +49 30 2601-1260
Internet: www.beuth.de
E-Mail: kundenservice@beuth.de

Titelbild: © André Ringel
Satz: B & B Fachübersetzergesellschaft mbH, Berlin
Druck: Drukarnia Leyko Sp. z o.o., Kraków
Gedruckt auf säurefreiem, alterungsbeständigem Papier nach DIN EN ISO 9706

ISBN 978-3-410-26741-6
ISBN (E-Book) 978-3-410-26742-3

Danksagung

Dieses Buch hat, so wie es in der Natur der Dinge liegt, viel Zeit gebraucht. Zeit, die vor allem meiner Familie viele Zugeständnisse hinsichtlich des Familienlebens abgefordert hat. Daher gilt mein besonderer Dank meiner Familie, die viel Verständnis dafür aufgebracht hat, dass mir dieses Buch sehr wichtig ist.

Darüber hinaus bedanke ich mich beim BIM-Lean-Team der Zech Bau Holding GmbH. Die Kollegen dort sind mir jeden Tag eine neue Motivation, mich mit den Methodiken BIM und Lean Construction auseinanderzusetzen. Besonders bemerkenswert ist der Enthusiasmus, mit dem die Kollegen an die täglich wachsenden Aufgaben herangehen und die Weiterentwicklung innerhalb der Zech Bau Holding GmbH vorantreiben. Und wie hochgradig motiviert sie dabei sind. Ich bin wirklich dankbar, diese Kollegen zu haben, die mir die Arbeit innerhalb des Teams so einfach machen. Ich kann nur jeder Führungskraft ein solches Team wünschen.

Zu guter Letzt danke ich allen, von denen ich lernen durfte. BIM und Lean Construction sind alles andere als selbsterklärend. Und daher ist es wichtig, von anderen zu lernen. Auch aus ihren Fehlern, denn die stellen aus meiner Sicht heraus eine riesige Chance dar, es anders und gegebenenfalls besser zu machen. Ob das gelingt, dafür ist letztendlich jeder selbst verantwortlich.

Vorwort

Es hat schon etwas Majestätisches, wenn ich mit meinen Kindern an imposanten Gebäuden vorbeigehen und ihnen sagen kann, dass ich an diesem Bauwerk wie auch immer mitgewirkt habe. Es sind bleibende Bauwerke und damit Eindrücke, die wir jeden Tag da draußen planen, herstellen und betreiben. Und sie dienen uns Menschen, ob als Domizil, Infrastruktur oder vielen anderen Verwendungszwecken. Wir tun also etwas Gutes, etwas sehr Gutes. Und wir tun es zum Wohle der Menschen.

Doch was genau macht die Faszination Bauen aus? Was kann zukünftig junge Menschen begeistern, einen Beruf in der Bauindustrie zu ergreifen? Wie muss sich das Bauen verändern, damit der Spaß und die Begeisterung zurückkommen? Warum muss sich die Bauindustrie überhaupt wandeln?

Fragen, die sicherlich nicht nur mich umtreiben, sondern sicherlich viele von jenen, die da draußen jeden Tag ihren mitunter wirklich harten Job machen. Und dass der alles andere als Routine ist, darüber kann sicherlich jeder von ihnen eine entsprechende Geschichte erzählen.

Regelmäßig sehe ich dabei Kollegen und Mitstreitern in leuchtende Augen, wenn sie davon berichten, wie sie wieder einmal den Karren aus dem Dreck gezogen und die Baustelle, auf der sie gerade mitwirken, gerettet haben.

Unweigerlich stellt sich mir dann die Frage, wer den Karren denn in den Dreck gefahren hat. Die Antworten auf diese Frage sind vielfältig, doch in der Regel haben sie eines gemeinsam: es waren immer andere oder nicht vorhersehbare Geschehnisse oder Umstände, die Zeitverzug, Kostensteigerung sowie Qualitätsmängel zur Folge haben.

Und am Ende steht oft ein Rechtsstreit, der nicht nur unnötig, sondern auch zeitraubend und Ressourcen verschlingend ist.

Das Image der Baubranche ist entsprechend. Gerade zur Jahreswende hatte ich wieder eine Diskussion mit Laien. Fast schon reflexartig kommen die Fragen, wenn ich erwähne, dass ich Bauingenieur bin und bei einer großen Bauunternehmung arbeite. Fragen wie: „Warum wird bei Euch eigentlich nie etwas rechtzeitig fertig?“ oder „Warum wird immer alles teurer als geplant?“ usw.

Die Antworten auf die Fragen, die derzeit mit dem Hintergrund von Bauvorhaben wie der BER oder der Elbphilharmonie durchaus berechtigt erscheinen, sind nicht leicht zu finden und zu geben. Die Ursachen sind ja in der Tat bei jedem dieser Projekte an der Oberfläche betrachtet sehr unterschiedlich. Doch haben diese Projekte aus meiner Sicht alle etwas gemeinsam: sie sind schlecht geplant, wobei sich dies nicht nur auf die eigentliche Planung an sich bezieht, sondern auch die Durchführung. Trotzdem sind Aussagen wie „Mit BIM wäre das nicht passiert“ nicht wirklich ernst zu nehmen. BIM und Lean Construction werden uns helfen, zukünftig effizienter und effektiver bei Bauprojekten zu sein, politisches Jonglieren werden sie jedoch nicht ausgleichen können.

Es bleibt für mich nur zu hoffen, dass die mit den beiden und weiteren Ansätzen einhergehende Transparenz hin zu einem klar definierten Bau-Soll Schluss macht mit den politisch unterlegten Kosten. Diese werden derzeit in der Regel ebenso wenig eingehalten, wie die Termine und bringen so den „geprellten“ Steuerzahler in Rage. Und sie sorgen für das Negativimage der Baubranche. Und sie lassen die Menschen außerhalb dieser Branche vergessen, was wir eigentlich leisten und dass sich ohne uns nichts, aber auch gar nichts in Deutschland und dem Rest der Welt bewegen würde.

Die Zeiten, da wir eher gedankenlos mit den natürlichen Ressourcen der Erde umgehen konnten, sind endgültig vorbei. Auch dem Letzten dürfte inzwischen bewusst sein, dass wir der Verschwendung Einhalt gebieten müssen, soll die Erde auch noch länger das Zuhause der Menschheit sein.

Die digitale Transformation mit der dazu gehörenden Technologie bis hin zur künstlichen Intelligenz bietet einen sehr guten Ansatz, um diesen zukünftigen Herausforderungen gewachsen zu sein. Es wird wichtig sein, diesen Wandel voranzutreiben und die Potenziale, die sich daraus ergeben, so zu nutzen, dass unsere Erde uns auch weiterhin als unser Lebensraum erhalten bleibt.

Dabei werden die Anforderungen an den Menschen im Rahmen des technologischen Wandels immer größer. Dieser Wandel hat in den vergangenen Jahren ein enormes Tempo aufgenommen und droht, ganze Teile unserer Gesellschaft an den Rand zu drängen. Denn nicht alle werden diesem Wandel in diesem Tempo folgen können. Neben der „Arm-Reich-Schere“ öffnet sich also eine weitere: die Schere der digitalen Transformation.

Schon jetzt ist zu beobachten, dass gerade ältere Menschen dieser schnellen Abfolge von Veränderungen nicht mehr ohne Weiteres folgen können. Und gleichzeitig wird es aber wichtig sein, sich das implizite Wissen dieses Teils der Gesellschaft zu sichern. Denn was die „Jungen“ an Technologie-Vorsprung auch haben mögen, es fehlt ihnen oftmals an der Erfahrung und Weisheit der „Älteren“.

Doch wie können wir dem begegnen? Keine einfache Frage, zu der es auch keine einfache Antwort gibt. Nicht nur für Unternehmen der Baubranche stellt sich diese Frage zunehmend, sondern auch für andere Industrie- und Dienstleistungszweige.

In jüngster Vergangenheit wurde in der Bauindustrie eine Reihe von Entwicklungen eingeführt, deren Hauptziel die Verbesserung der Effektivität und Effizienz von Projekten ist. Zwei wichtige Entwicklungen sind:

- die Verwendung von digitalen Werkzeugen und der Informationstechnologie zum Aufbau von Bauwerks-Informations-Modellen
- die Verwendung der Lean-Construction Methodik, die auf den Lean Methoden und Philosophien basieren, die in der Automobilindustrie und inzwischen auch anderen Industriezweigen angewendet werden.

BIM und Lean Construction sind zwei Ansätze, die das Bauen wieder attraktiv machen können. Aber die beiden Ansätze alleine reichen bei weitem nicht aus, um den vielfältigen Problemen Herr zu werden. Sie können sicherlich einen Teil der täglichen Herausforderungen mindern oder gar eliminieren, die „Eierlegende-Woll-Milch-Sau" sind sie deswegen noch lange nicht.

Wir müssen weg von einem Gegeneinander auf unseren Baustellen, hin zu einem Miteinander. Und genau da können BIM und Lean Construction unter Einsatz von digitalen Technologien einen elementaren Beitrag leisten. Durch die Transparenz, die mit beiden Ansätzen erzeugt wird, können viele der Problemstellungen, die wir heute noch vorfinden, aufgelöst werden und sollten bald der Vergangenheit angehören.

Doch damit dies gelingt, sind weitere Schritte erforderlich. So muss sich beispielsweise die Art und Weise unserer Zusammenarbeit verändern: weg von der Konfrontation hin zur Kollaboration. Dazu erscheinen Partnerschaftsansätze wie Project Alliancing geeignet, die von vorherein auf Zusammenarbeit ausgerichtet sind.

Wir müssen weg von der „Suche nach dem Schuldigen" hin zu einer „No blame"-Mentalität. Die derzeit gelebte Fehlerkultur in Deutschland lässt dies nicht oder nur unzureichend zu. Wenn wir anfangen, einen Fehler als Chance zur Veränderung zu betrachten und daraus lernen, ihn nicht zu wiederholen, ist viel erreicht.

Das unter Lean Construction definierte Null-Fehler-Prinzip ist eine idealisierte Vorstellung, die nicht zu erreichen ist. In einer auf das Null-Fehler-Prinzip ausgerichteten Produktion soll kein Ausschuss erzeugt werden. Somit wird keine Nacharbeit erforderlich. Dabei folgt das Prinzip der Annahme, dass die Erfüllung der Qualitätsanforderungen keine zusätzlichen Kosten erzeugt, aber eben auch nicht ein „Geschenk Gottes" ist.

Somit erzeugt nicht die Produktion von Qualität Kosten, sondern die Behebung von Fehlern und Mängeln, wovon wir in der Baubranche nur allzu gut berichten können. So muss es bei der Verfolgung dieses Prinzips zum Grundsatz werden, dass auch die kleinsten Fehler und Mängel während des gesamten Fertigungsprozesses, mithin auch in der Projektentwicklung sowie Planung, ausgeschlossen werden.

Dieser Ansatz ist keineswegs unrealistisch, sondern bedarf nur einer ergänzenden Auslegung: Fehler dürfen und werden passieren. Aber ein Fehler darf nur genau einmal passieren und darf sich nicht wiederholen. Und der Fehler muss dazu genutzt werden, daraus zu lernen und Prozesse gegebenenfalls anzupassen.

Letztendlich zählt auch hier, ebenso wie bei der Einführung von BIM und Lean Construction, der Wille zur Veränderung hin zum Besseren.

Ich bin sehr guter Hoffnung, dass die vor uns liegenden Veränderungen das Bauwesen in einem positiven Sinne revolutionieren werden. Dabei sollte jedoch darauf geachtet werden, dass wir nicht dem Superlativismus verfallen und darüber vergessen, das bereits Errungene in die Breite zu bringen. Und wir müssen uns von der Illusion verabschieden, dass der digitale Wandel zum Nulltarif zu haben ist. Und damit meine ich nicht nur die monetären Aspekte.

Inhaltsverzeichnis

Abbildungsverzeichnis

Tabellenverzeichnis

Einleitung

Bauen war und ist kein Selbstzweck und sollte auch nicht dazu werden. So einfach dieser Satz ist, die inhaltliche Umsetzung gelingt nicht immer. Vereinfacht betrachtet kann der ausstehende Betrachter bei Bauprojekten wie dem Berliner Flughafen durchaus zu einer solchen Schlussfolgerung kommen, dass dort um des Bauens Willens gebaut wird. Diese Überspitzung in Bezug auf solche Projekte darf nicht zur Verunglimpfung des gesamten Bauwesens und einer weiteren Verschlechterung des Images desselben beitragen.

Die Ausgangslage ist doch eher wie folgt: Ohne die tägliche Arbeit von zigtausenden Planern, Ingenieuren und Baufachleuten, ohne deren ständigen Einsatz, ohne deren unbändigen Willen, ein Bauwerk zu errichten, wäre eine zukunftsweisende wirtschaftliche Entwicklung Deutschlands nur schwerlich denk- und umsetzbar.

Wir könnten uns abends nicht in unser hoffentlich behagliches Heim zurückziehen. Die so oft im Rahmen von Lean Construction zitierte Automobilindustrie hätte keine Bleibe für ihre Roboterfreunde. Und die Politik, bei der das Bauwesen eher eine untergeordnete Rolle spielt und keine wirkliche Lobby hat, müsste im Freien tagen.

Aber wer sorgt eigentlich dafür, dass wir dabei oftmals keinen Spaß haben oder uns dieser ziemlich schnell vergeht? Und wer, dass wir 50–60 Stunden und mehr ackern müssen? Dass wir uns am Ende eines Projektes streiten? Dass unser Kunde im schlimmsten Fall unzufrieden mit seinem Produkt ist? Wir selbst.

Und da schließe ich mich selbst selbstverständlich mit ein. Auch ich wollte früher der Held sein, der die Baustelle gerettet hat, der den Karren aus dem Dreck gezogen hat. Aber ist das noch zeitgemäß? Lässt das unsere Industrie attraktiv für junge Menschen sein, die auf der Suche nach einer Berufung sind? Können wir mit einer derartigen Denk- und Vorgehensweise eine Steigerung der Produktivität auf der Baustelle erreichen? Werden wir mit einer solchen Arbeitsweise in der Lage sein, disruptiven Technologien entgegenzutreten? Wohl eher nicht.

Als ich gebeten wurde, dieses Buch zu schreiben, habe ich dies mit dem Gedanken verknüpft, ein Buch aus der Praxis für die Praxis zu schreiben. Dass dies nicht ganz ohne entsprechende theoretische Grundlagen geht, wird jedem einleuchten.

Dennoch erhebt dieses Buch zu keinem Zeitpunkt den Anspruch, eine wissenschaftliche Abhandlung zu den Themen BIM und Lean Construction zu sein.

Bei meiner Mitarbeit in den diversen Richtlinien zu den Themen BIM und Lean Construction sowie in der GLCI-Arbeitsgruppe „Begriffe und Methoden“ habe ich gelernt, dass sich die Entwicklung gerade in diesen Bereichen absolut dynamisch verhält. Zum Teil auch mit überraschenden Wendungen.

So war ich des Öfteren überrascht, wer inzwischen seit mindestens 30 Jahren BIM macht und das ja alles „kalter Kaffee“ sei. Gleiches gilt übrigens auch für Lean Construction. Aussprüche wie: „Das haben wir immer schon so gemacht“ oder „Lean Construction ist Arbeitsvorbereitung für Dumme“ sind dabei keine Seltenheit.

Ich für mich selbst, der sich seit den 1990er Jahren mit digitalen Technologien im Bauwesen beschäftigt, kann nicht behaupten, dass ich seit 30 Jahren BIM „mache“. Ich beschäftige mich seit nunmehr einem Jahrzehnt damit und habe in dieser Zeit viel dazu gelernt. Vieles, von dem ich glaubte, es zu wissen, revidiert und die Weiterentwicklung vorangetrieben.

Wichtig ist mir in diesem Zusammenhang herauszustellen, dass BIM, Lean Construction und Digitalisierung zwar maßgeblich zusammenhängen, keinesfalls aber in einen Topf geworfen werden dürfen. Zu hinterfragen ist auch die Feststellung, dass Lean Voraussetzung für BIM sei.

Um dies deutlich zu machen, werden im Folgenden die Definitionen für BIM und Lean Construction, so wie sie im Rahmen dieses Buches verstanden werden sollen, benannt. Dabei wird auch auf die Begriffe digitale Technologie, digitale Transformation und digitales Wertschöpfungsnetzwerk eingegangen.

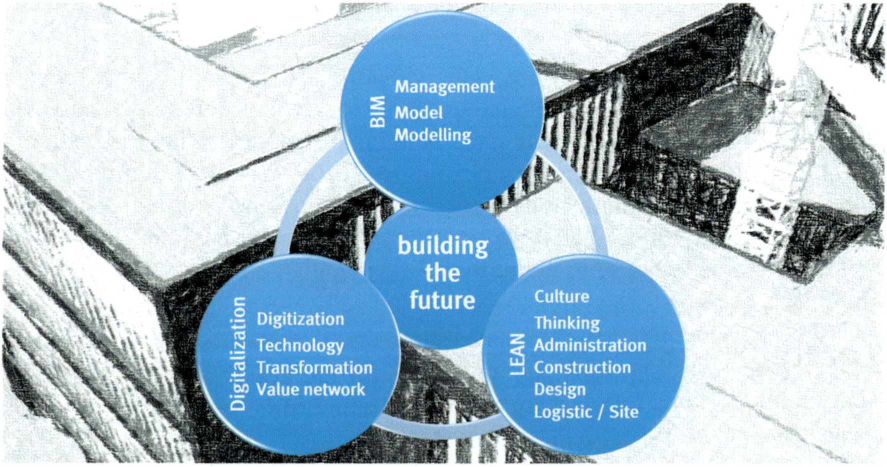

Abbildung 1: build the future – Zusammenspiel der Ansätze, Methoden und Werkzeuge

Wichtig ist es in diesem Zusammenhang, sich Rollen und Interaktionen (vergleiche Kapitel „Rollen, Interaktionen und Transaktionen“ auf Seite 40) innerhalb der Managementansätze building information management und Lean Construction klar zu machen. Dies insbesondere, weil es bei gemeinsamer Verwendung der vermeintlich unterschiedlichen Managementansätze bei einigen Rollen zu Überlagerungen der Aufgaben und Verantwortlichkeiten kommt.

Die Evolution des Bauwesens hin zu diesen Managementansätzen, verbunden mit der digitalen Transformation, wird das Bauen revolutionieren. Dabei wird dem Menschen eine ganz besondere Rolle zukommen. Nicht nur, weil er bei der Nutzung der vom Bauwesen entwickelten und hergestellten Bauwerke im Vordergrund stehen sollte, sondern vielmehr, weil diese Evolution alle Baubeteiligten tangiert und besondere Herausforderungen an sie stellt.

Nicht alles wird von Anfang in der angestrebten Weise funktionieren. Die digitalen Werkzeuge und Technologien werden ihre Unzulänglichkeiten haben und es wird sich nicht immer alles so vertraglich regeln lassen, wie es idealerweise der Fall ein sollte.

Dabei sollte nicht vergessen werden, welchen Anspruch insbesondere BIM und Lean Construction haben: vollständige Transparenz und vertrauensvolle Zusammenarbeit auf Augenhöhe.

Gerade war sinngemäß wieder der Satz zu lesen: „BIM wird sich nicht so schnell wie erwartet verbreiten.“ Und die Skepsis gerade in Deutschland ist noch sehr hoch. Und an der einen oder anderen Stelle aus Sicht der Beteiligten auch angebracht.

Sicher, diese Ansicht kann man insbesondere auch dann vertreten, wenn man, wie im Kontext der Aussage, davon ausgeht, dass BIM den gesamten Lebenszyklus eines Bauwerkes betrachten muss. Dies entspricht dem Ruf nach der „Eier-legenden-Woll-Milch-Sau“. Doch schon diese Annahme ist zumindest einer Diskussion würdig.

Vielmehr definiert der Bauherr „seine BIM-Ziele und -Anwendungen“. Diese müssen sich in einem ersten Schritt nicht auf den kompletten Zyklus erstrecken. Hinzu kommt, dass die Entwicklung bei BIM, aber auch bei Lean Construction, derzeit sehr dynamisch ist. Und gerade auf Grundlage dieser Entwicklung lässt sich eine solche Aussage nicht aufrechterhalten.

Die Zeiten der frühen Adoption sind überschritten. Die großen Unternehmen der Deutschen Industrie haben für sich die Potenziale aus BIM und Lean Construction erkannt. So sind Unternehmen wie die Deutsche Bahn, BMW, Mercedes, Siemens usw. sich der Potenziale der beiden hier betrachteten Managementansätze schon längst bewusst.

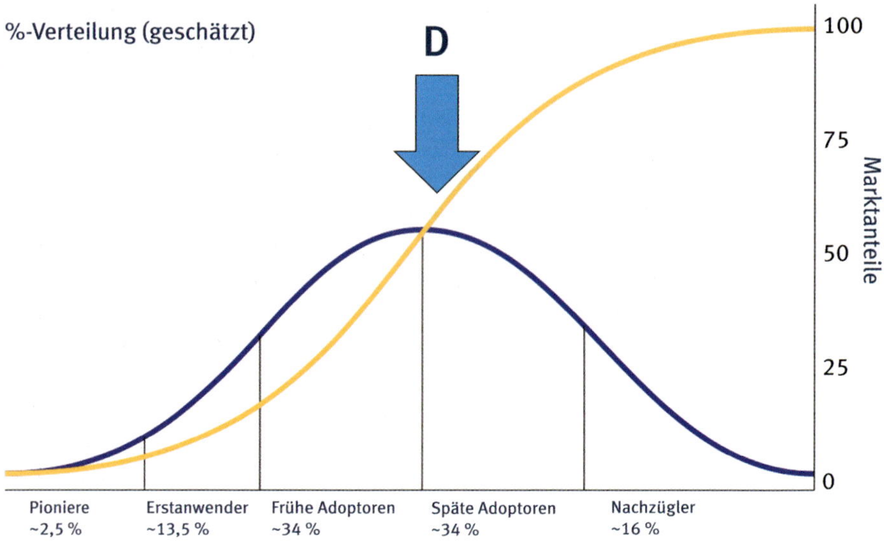

Abbildung 2: BIM-Adoption in Deutschland, geschätzt – Stand 12.2017

Interessanter Weise scheinen einige Personenkreise gar kein großes Interesse an der Verbreitung von BIM und Lean Construction zu haben und warnen immer wieder vor den Risiken der beiden Ansätze. Doch welche sollen das sein? Das ohnehin am Boden liegende Image des Bauwesens noch weiter zu ramponieren? Bauwerke noch verspäteter an den Kunden zu übergeben, sofern das überhaupt noch möglich ist? Noch mehr Mängel zu produzieren?

Wohl kaum, denn BIM und Lean Construction werden das Gegenteil bewirken und das Bauwesen wieder zu einem attraktiven und innovativen Arbeitsgebiet vor allem auch für junge Menschen machen. Die Faszination Bauen darf nicht verloren gehen. Bewusst müssen wir uns machen, dass große Unternehmen aus der Informations- und Technologiewelt bereits vor der Tür des Bauwesens stehen, um diese ähnlich der Automobilindustrie auseinanderzunehmen.

Die Bedeutung des I in der Abkürzung BIM wird noch viel stärker zunehmen, als dies den meisten derzeit bewusst sein dürfte. Hier Beispiele abzubilden, wirkt, genau betrachtet, eher hilflos. Den Anwendungsfällen von Informationen scheinen keine Grenzen mehr gesetzt zu sein. Vor allem und gerade im wirtschaftlichen Kontext werden die Informationen, die sich aus der Nutzung eines Bauwerkes durch seine Nutzer und dem Nutzerverhalten ergeben, den vorgenannten Unternehmen mehr Wert sein als das eigentliche Bauwerk.

Schon von daher ergibt sich die Notwendigkeit, die sich uns bietende Möglichkeit zu nutzen, diese Informationen über den gesamten Bauwerkslebenszyklus bereitzustellen.

Insofern wird sich das Bauwesen nicht nur Gedanken dazu machen müssen, wie ein Bauwerk zu errichten ist, sondern vielmehr, welche zusätzlichen Services im gesamten Lebenszyklus zukünftig eine verstärkte Rolle spielen werden. Es gilt, diesen Ansatz aufzugreifen, bevor es andere, dem Bauwesen bisher fremde Industrien, tun. Die jüngsten Entwicklungen zeigen, dass unserer Industrie nicht mehr allzu viel Zeit dazu bleibt. So bauen zwei „Informations-Riesen“ aus den USA in unterschiedlichen Bauvorhaben „Smarthomes“, und sammeln erste Erfahrungen in der Baubranche. Interessant ist dabei, dass diese beiden Unternehmen gerade erst neue Firmenzentralen errichtet haben, und dabei sicherlich interessante Erkenntnisse im Umfeld des Bauens gesammelt haben dürften. Und eines der beiden Unternehmen hat von der Stadt Toronto ein 3,2 km^2 großes Areal mit dem Auftrag erhalten, dort eine Smartcity mit Smarthomes zu errichten.

Einhergehen wird mit den digitalen Technologien und den daraus resultierenden Veränderungen auch eine Ablösung der bisher eingesetzten Materialien. Gute Beispiele hierfür sind Zement, Beton und Baustahl. 6 % des weltweiten CO_2-Ausstoßes sind durch die Herstellung von Zement bedingt.[1] Carbonbeton dagegen ist sparsam und reduziert dabei gleichzeitig den Materialeinsatz, Energiebedarf und CO_2-Ausstoß extrem. Hinzu kommt, dass der Einsatz dieses Betons nicht nur kostengünstiger ist, sondern auch korrosionsunanfällig.[2]

Je mehr ich mich mit BIM, Lean Construction und Unternehmen auseinandersetze, die neue Managementansätze, digitale Technologien oder Methoden einführen, umso mehr stelle ich fest, wie wenig sich in diesem Zusammenhang mit dem „Warum“ auseinandergesetzt wird. Oftmals mündet dies in reinem Aktionismus, der mit Nachhaltigkeit nur noch am Rande zu tun hat. Dabei werden häufig „technische Projekte“ ins Leben gerufen und digitale Technologien „zur Verfügung“ gestellt. Das diese eigentlich nur Mittel zum Zweck sein und die Zusammenarbeit der Menschen erleichtern und unterstützen sollen, verkommt häufig zur Nebensache. Vorstehendes ist durchaus nachvollziehbar, jedoch ist diese Denk- und Herangehensweise zumindest fragwürdig, wenn nicht sogar gefährlich.

1 Hipp, Dietmar: Kurzer Prozess. Der Spiegel, 2. August 2010.

2 Prof. Dr. Ing. Dr. Ing. E. h. Manfred Curbach et al., Technik in Bayern, Ausgabe 02.2017.

Gerade der Mensch stellt nach heutigen Maßstäben den Mittelpunkt der Zusammenarbeit dar. Digitale Prozesse sollen ihn dabei automatisiert unterstützen, die anstehenden Aufgaben und Arbeitsabläufe strukturiert unter erleichterten Bedingungen abzuarbeiten. Noch nie zuvor hatten wir ein größeres Angebot an nützlichen, günstigen und oftmals einfach zu bedienenden digitalen Werkzeugen, die uns die tägliche Arbeit vereinfachen. Die Anwender vernetzen sich untereinander zunehmend und dies mit rasanter Geschwindigkeit. In Foren und Blogs findet ein reger und offener Wissensaustausch statt. Oftmals ohne finanzielle Hintergedanken und somit gratis.

BEISPIEL

Unternehmenskommunikation

Die Arbeitswelt und -kultur von heute verändert sich in immer schnelleren Zyklen und ist vor allem durch die digitale Transformation geprägt. Dabei spielen Mobilität und neue Formen der Zusammenarbeit eine immer größer werdende Rolle. Der Wandel der Information hin zum Wirtschaftsgut ist allgegenwärtig und die damit einhergehende Informationsflut steigt exponentiell an. Vorgenanntes hat einen regelrechten Kampf um Aufmerksamkeit zur Folge. Diese Veränderungen in unserer Arbeitswelt haben einen maßgeblichen Einfluss auf die Unternehmens- oder auch Projektkommunikation. Dabei rücken Relevanz, Vereinfachung und Schnelligkeit sowie die Fähigkeit der Anwender, multimedial zu arbeiten, immer mehr in den Vordergrund. So wird für die bisherige Kommunikation die E-Mail oder im besten Falle das Intranet eingesetzt. Dabei erzielt diese Kommunikationsform nicht die erwartete Reichweite bzw. erreicht die angedachte Zielgruppe nicht immer oder nur teilweise. Dies liegt vor allem daran, dass diese Art des Austausches auf dem Absenderprinzip basiert. Die Interaktionsmöglichkeiten sind wenig in Form von Kommentaren und „Likes“ oder schlichtweg gar nicht vorhanden. Die Schlussfolgerung, auch in Hinblick auf die „Generation Wisch“ oder „Generation Head Down“, liegt nahe: Es braucht neue, andere Ansätze, noch mehr Interaktion und intensivierten Wissensaustausch. Mit einer Kollaborations-Plattform, dem „digital workplace“, ob auf Unternehmens- oder Projektebene, wird die Multi-Anwender-Kommunikation befördert und wird sukzessive die Eins-zu-eins-Kommunikation nahezu ersetzen. Idealerweise lässt sich diese Kommunikation klassifizieren und in digitale Prozesse einbinden. Sicherlich, es mag skurril erscheinen, aber Mitarbeiter oder Projektmitglieder erhalten plötzlich so etwas wie eine digitale Stimme, mit deren Hilfe Meinungen und Ideen ausgetauscht werden. Auf diesem Wege entsteht ein unternehmens- bzw. projektweiter Dialog, der den zuvor benannten Informations- und Wissensaustausch und damit auch die Vernetzung der Beteiligten untereinander sehr stark befördert. Die zur E-Mail und zum Intranet gegensätzliche Weiterentwicklung lässt beispielsweise auf Unternehmensebene neben den Unternehmensinhalten die ebenso relevanten Inhalte der Anwender entstehen. Dabei erfolgt die Kommunikation auf den digitalen Kanälen dezentral und vor allem auch dialogorientiert in den dafür geschaffenen virtuellen Räumen. Über Benachrichtigungen wird der Anwender über neue, auf seinen Bedarf hin ausgerichtete Inhalte mit den neuesten Informationen aus seinem virtuellen Netzwerk auf dem Laufenden gehalten.

Daraus resultiert eine Informationsverbreitung nach dem Pull-Prinzip, das Push-Prinzip wird abgelöst. Auf diese Weise entwickeln sich Kollaborations-Plattformen zum „digitalen Begleiter" in unserer Arbeitswelt.

Das vorstehende Beispiel zeigt sehr eindrucksvoll, wie sich unsere Arbeitswelt verändern, wie der Veränderungsprozess nach und nach immer weitere Bereiche unserer Arbeitswelt erreichen wird. Ängste, die in diesem Zusammenhang bei jedem von uns entstehen, sind durchaus nachvollziehbar und ernst zu nehmen. Die Ängste werden uns im schlimmsten Falle auch lähmen. Die Aufgabe wird es sein, diese Lähmung zu überwinden und zu handeln. Denn wenn wir es nicht tun, dann werden es andere tun.

Was ist Digitalisierung im Sinne dieses Buches?

Rein begrifflich handelt es sich bei der Digitalisierung[3] um den Transfer von analogen Informationen in diskrete Werte aus einem abgegrenzten und gestuften Wertvorrat beispielsweise 0 und 1. Synonym wird oft auch die Einführung und Verwendung von digitalen Technologien[4] in Unternehmen, Industrien oder auch einem Land mit dem Begriff bezeichnet.

Bereits seit der Einführung der Computer in allen Geschäftsbereichen unserer Gesellschaft schreitet die Digitalisierung in allen Wirtschaftszweigen mit mehr oder auch weniger großen Schritten voran.

Deutschland schneidet im Bereich der technischen und wirtschaftlichen Bedingungen überdurchschnittlich ab, dagegen erzielt die deutsche digitale Wirtschaft unterdurchschnittliche Leistungen auf den Weltmärkten. Das liegt beispielsweise daran, dass Deutschland zwar im internationalen Vergleich exportstark ist, der Anteil von IKT-Gütern und Dienstleistungen an allen Exporten allerdings relativ gering ist. Auch die IT-Ausgaben in Deutschland sind im internationalen Vergleich gering. Zu den technischen und wirtschaftlichen Bedingungen werden beispielsweise die Breitbandversorgung oder die Verfügbarkeit von Fachkräften gezählt.[5]

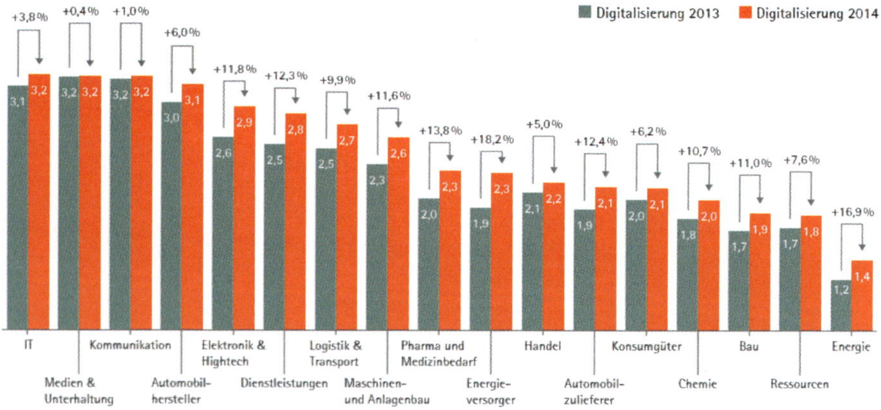

n = 187; Quelle: Accenture Digitaler Index (1: minimale Digitalisierung; 2: geringe Digitalisierung; 3: teilweise digitalisiert; 4: stark)

Abbildung 3: Accenture Studie 2015 – Digitalisierungsgrad nach Branchen

3 Englisch digitization.

4 Englisch digitalization.

5 BMWi, Monitoring-Report Wirtschaft DIGITAL 2016.

Dass das deutsche Bauwesen der globalen und nationalen Entwicklung dabei hinterherhinkt, ist unumstritten. Neuere Studien zeigen aber auch, dass sich unsere Branche bei den Zuwächsen des Digitalisierungsindex im vorderen Bereich bewegt. Die Accenture Studie aus 2015 zeigt dies nachdrücklich (siehe Abbildung 3).

Daraus resultiert aber nicht, dass damit der Abstand zu anderen Industriezweigen und zum internationalen Umfeld nicht geschlossen werden kann. Dennoch sind die Vorzeichen auf eine kurzfristige Verbesserung deutlich. Nicht nur, dass sich die öffentliche Hand sehr viel stärker engagiert, auch die Stimmung in den Unternehmen zeigt dies. So ergab eine Umfrage der DIHK aus dem Jahr 2016 auf die Frage „Wie schätzen die Unternehmen den Stand der Digitalisierung ein" folgendes Bild:

Wie schätzen die Unternehmen den Stand der Digitalisierung insgesamt ein? (in %, Breitbandzugang und IT-Ausstattung, Anwendungsspektrum, Aufgeschlossenheit und Kompetenz handelnder Personen gegenüber Digitalisierungsthemen)

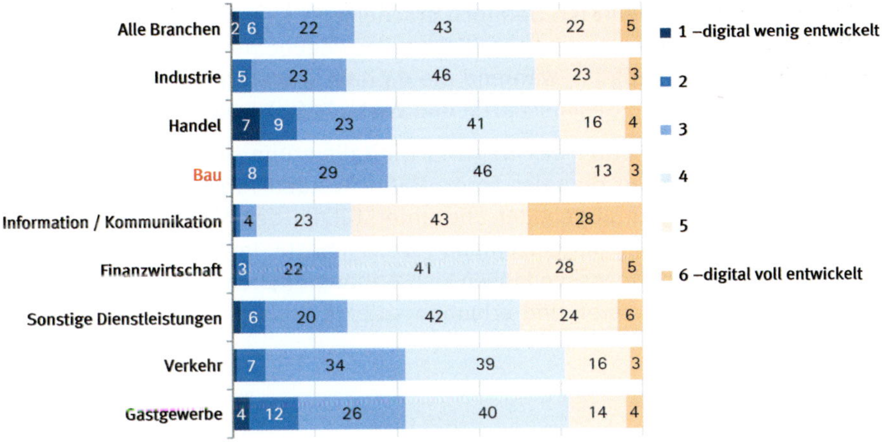

Abbildung 4: Umfrageergebnisse der DIHK aus 2016[6]

Die Zukunft des Planens, Bauens und Betreibens wird wesentlich durch den digitalen Wandel und damit durch den Einsatz von digitalen Technologien bestimmt. Dabei ist es erwähnenswert, dass die Digitalisierung bereits sehr viel früher, also Anfang der 1990er, eingesetzt hat. Durch die heute verfügbaren,

6 Deutscher Industrie- und Handelskammertag e.V. (DIHK), Wirtschaft digital:Perspektiven erkannt, erste Schritte getan, Berlin 2016.

leistungsfähigen gemeinsamen Datenumgebungen[7], Computer und Datenbanken hat die Digitalisierung eine andere Dimension erreicht, in der sich die Daten und Informationen intelligent untereinander verknüpfen und nahezu überall verfügbar machen lassen. Genau diese Vorgehensweise wird in BIM und Lean Construction angestrebt und somit durch die Digitalisierung unterstützt.

Somit ist die Digitalisierung im Bauwesen nicht gleichzusetzen mit BIM und Lean Construction. Vielmehr ist die Digitalisierung Mittel zum Zweck und wird unabhängig von den beiden zuvor benannten Methodiken Einzug in das Bauwesen halten. Daraus folgert, dass auch bei konventionellen Bauvorhaben digitale Technologien Anwendung finden werden. Besonderes Augenmerk ist hierbei auf die digitale Bauakte zu legen, die den „digitalen Footprint" eines Bauvorhabens darstellt. Zielsetzung muss die Langzeitarchivierung von Daten sein, um über den gesamten Lebenszyklus eines Bauvorhabens die erforderlichen Informationen jederzeit wiederverwerten zu können.

Dabei muss das Wort Digitalisierung umgangssprachlich oft für das herhalten, was eigentlich in dem Begriff der digitalen Transformation enthalten ist oder zumindest damit gemeint ist. Dennoch erscheint es sinnvoll, diese beiden Begriffe klar voneinander zu trennen. Schon deswegen, weil die Digitalisierung ein technischer Vorgang ist, während die digitale Transformation ein Veränderungsprozess über alle Gesellschafts- und Wirtschaftsbereiche hinweg ist.

Eine weitere Interpretation des Begriffs Digitalisierung besteht in der Abbildung von Prozessen in digitaler Form. Dabei werden Prozesse mit Hilfe der digitalen Technologien abgebildet und unterstützen den Menschen automatisiert bei der Umsetzung der einzelnen Prozessschritte. Im Rahmen dieser digitalen Abbildung von Prozessen lassen sich Abhängigkeiten zwischen einzelnen Prozessschritten definieren und erlauben so eine digitale Steuerung des Prozesses.

7 Englisch Common data environment, oft abgekürzt mit CDE.

Wie wird digitale Transformation im Sinne dieses Buches verstanden?

Den auf digitalen Technologien und Wertschöpfungsnetzwerken begründeten fortlaufenden Veränderungsprozess, der die gesamte Gesellschaft einschließlich des Staates, aller Individuen, der Unternehmen und der Wissenschaft mit Forschung und Lehre betrifft, wird digitale Transformation genannt. Dabei ist die schneller werdende Folge der Entwicklung digitaler Technologien und die damit verbundene Ebnung für neue digitale Technologien die Basis der digitalen Transformation.[8]

Wesentliche Bestandteil digitaler Technologien sind digitale Infrastruktur (Datenleitungen/-netze, Hardware) und digitale Anwendungen (Apps und Webanwendungen). Hinzu kommen die auf digitalen Technologien basierenden Verwertungspotenziale. Dies können zum Beispiel mögliche digitale Geschäftsmodelle und digitale Wertschöpfungsnetzwerke sein.

Gelegentlich wird der durch den Einsatz digitaler Technologien oder den auf Kundenerwartungen beruhende Veränderungsprozess innerhalb eines Unternehmens verkürzt als digitale Transformation bezeichnet. Tatsächlich geht die digitale Transformation sehr viel weiter und darüber hinaus. Sie ist ein Veränderungsprozess, der wesentliche Teile unserer Gesellschaft nachhaltig verändern und beeinflussen wird. Schon von daher kommt ihr eine entscheidende Bedeutung zu und darf gerade im Kontext mit dem Menschen und den resultierenden, persönlichen Veränderungen nicht unterschätzt werden. Insbesondere die zuvor beschriebene immer schneller werdende Folge der digitalen Technologien und den damit einhergehenden Veränderungen kann dazu führen, den Einzelnen an den Rand der digitalen Transformation zu drängen und im Extremfall zur Ausgrenzung führen.

Die einzelnen Interessengruppen der Gesellschaft üben im Sinne der digitalen Transformation einen vielfältigen Einfluss aufeinander aus. Dieser Einfluss zeigt sich zum Beispiel dann, wenn durch Einführung neuer digitaler Technologien und Verwendung derselben auch Erwartungshaltungen an Unternehmen verbunden sind, diese digitalen Technologien zu adoptieren. So ist es auch zu verstehen, dass in der Bauindustrie zunehmend die digitale Bauakte verlangt wird, da die digitale Technologie dafür die Voraussetzungen geschaffen hat und die Ansprüche einer digitalen Bauakte erfüllt.

8 Christian Hoffmeister, Yorck von Borcke: Think New! 22 Erfolgsstrategien im digitalen Business. Hanser, 2015.

Abbildung 5: Handlungsfelder der digitalen Transformation

Die Betrachtung abseits des Bauwesens führt aber noch einen Schritt weiter. Die oftmals zitierte und bemühte Schere zwischen „arm und reich" wird um eine Dimension erweitert. Der Effekt wird verstärkt durch den Faktor der digitalen Transformation. Schon heute ist zu beobachten, dass Menschen digital abgehängt werden. Dieser Effekt wird sich weiter verstärken. Der sich aus der digitalen Transformation abzeichnende Wandel in der Wertschöpfung immer mehr hin zu einer automatisierten, „von Menschen befreiten" Produktion ist dabei besonders zu beachten. Auch in den Bereichen der Medizin, der Pflege und der Sicherheit wird der Mensch sukzessive von „Mr. Data" abgelöst. Der derzeit noch vorhandene Fachkräftemangel, der in kommenden Jahrzehnten noch weiter anhalten wird, löst sich jedoch nach und nach auf. Der Einsatz digitaler Technologien wird zwar neue Arbeitsfelder schaffen, diese werden jedoch von Spezialisten besetzt sein, der Anteil der „arbeitenden" Menschen an der Berufswelt wird stark abnehmen. Und das global.

Die Entwicklung lässt sich nicht mehr aufhalten, doch muss noch mehr darauf geachtet werden, dass die digitale Transformation dem Menschen dienen soll und nicht umgekehrt. Damit ist gemeint, dass nicht alles, was möglich ist, auch zwingenderweise umgesetzt werden muss. Die Entscheidung, was ermöglicht wird und was nicht, ist eher eine moralische als technische.

Wie wird digitale Technologie im Sinne dieses Buches verstanden?

Digitale Technologien umfassen inzwischen ein breites Spektrum an Hard- und Software, der sogenannten digitalen Infrastruktur bzw. den digitalen Anwendungen. Die Entwicklungsintervalle haben sich in den vergangenen Jahren stark verkürzt. Gleichzeitig sind die digitalen Technologien Basis für die digitale Transformation.

In der Regel sind eindeutige Anforderungen seitens der späteren Anwender an die digitale Technologie zu definieren, um die Kundenzufriedenheit des Kunden mit dem späteren Produkt zu erreichen. Hierzu hat es sich inzwischen in der Softwareentwicklung etabliert, agile Methoden wie Scrum einzusetzen, um so durch kleine Iterationsschritte und Entwicklungszyklen die Erfüllung der Anforderungen zu gewährleisten. Eine Vielzahl von Fähigkeiten seitens der Entwickler ist erforderlich, um digitale Technologien zu erschließen. Schlüsselkompetenzen und -technologien wie zum Beispiel Software Engineering, Systems Engineering, IT-Sicherheit, Data Analytics (Big Data), Cloud Computing usw. sind hierbei zu berücksichtigen.

Digitale Technologie verändert das Denken und Handeln der Nutzer. So muss ein Unternehmen dafür sorgen, dass die Geschäftsprozesse über alle Ebenen hinweg konsistent sind. Auf das Bauwesen übertragen bedeutet dies beispielsweise, dass die Einführung eines digitalen Qualitätsmanagements vor allem dann einen Mehrwert bietet, wenn alle Baubeteiligten Zugriff auf die digitalisierten Informationen haben und so Transparenz über den Status quo hergestellt wird.

Vor allem muss digitale Technologie dazu eingesetzt werden, Prozesse zu unterstützen, zu standardisieren und transparenter zu gestalten. Gleichzeitig gilt es, Schnittstellen zu optimieren und Prozesse gegebenenfalls zu vereinfachen bzw. zu automatisieren.

Nur wenn der Nutzer auch einen Mehrwert für sich erkennt, wird der Einsatz digitaler Technologien erfolgreich sein.

Warum wir digitale Technologien einsetzen sollten

Die Auswahl an brauchbaren, günstigen und mitunter einfach zu bedienenden Werkzeugen und digitalen Technologien ist groß wie nie zuvor. Hinzu kommt der offene Austausch der Anwender in den digitalen Netzwerken. Dabei findet ein großartiger Wissenstransfer zwischen diesen statt und kann damit bei der Lösung und dem Einsatz der digitalen Technologien unterstützen. In der Regel wird dieses Wissen zur Verfügung gestellt, ohne dafür einen Gegenwert zu verlangen. Dem Grunde nach also ideale Bedingungen, um die digitale Transformation zu vollziehen.

Schon deshalb ist es erstaunlich, dass das Bauwesen noch in den Fängen der Vergangenheit zu verharren scheint. Die Einführung neuer digitaler Technologien stellt noch immer eine große Herausforderung dar. Nicht selten fallen dabei Sätze wie „Wir können doch unsere teuer angeschaffte Software, in die wir gerade einen sechsstelligen Betrag investiert haben, nicht durch eine App ablösen", „Den Zugriff von außen lassen wir nicht zu".

Der Einsatz von digitalen Technologien sollte keinem Selbstzweck folgen, sondern dem Unternehmen, dem Anwender oder dem Kunden Mehrwert bringen.

Wie werden digitale Wertschöpfungsnetzwerke im Sinne dieses Buches verstanden?

Wertschöpfungsnetzwerke bestehen aus rechtlich selbständigen, wirtschaftlich jedoch zumeist abhängigen Unternehmen, die über verhältnismäßig stabile und kooperative Beziehungen miteinander verbunden sind. Digitale Wertschöpfungsnetzwerke erfüllen alle klassischen Merkmale von (Unternehmens-) Wertschöpfungsnetzwerken und sind somit dort einzuordnen. Sie bedienen sich weiterer digitaler Technologien, um Daten und Informationen in einem Netzwerk bereitzustellen.

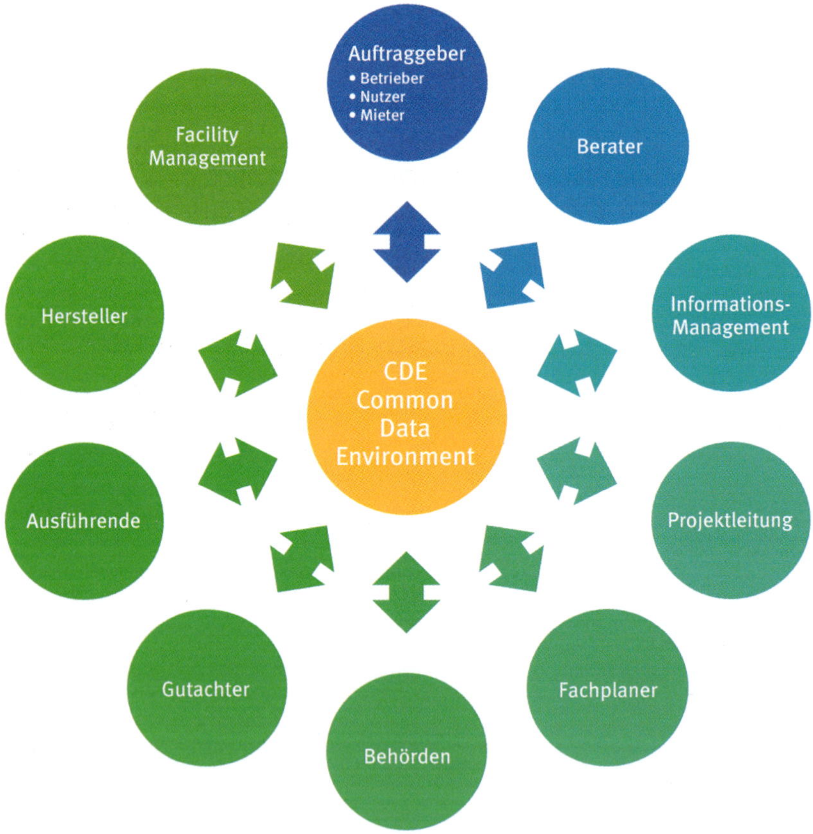

Abbildung 6: Beispiel eines CDE als Wertschöpfungsnetzwerk in der Bauindustrie

In Wertschöpfungsnetzwerken richtet sich der Fokus auf das Vertrauen zwischen den Netzwerkpartnern. Dennoch unterliegen solche Wertschöpfungsnetzwerke den Einflüssen von Preis, Vertrauen und Weisung wie in der folgenden Abbildung deutlich wird:

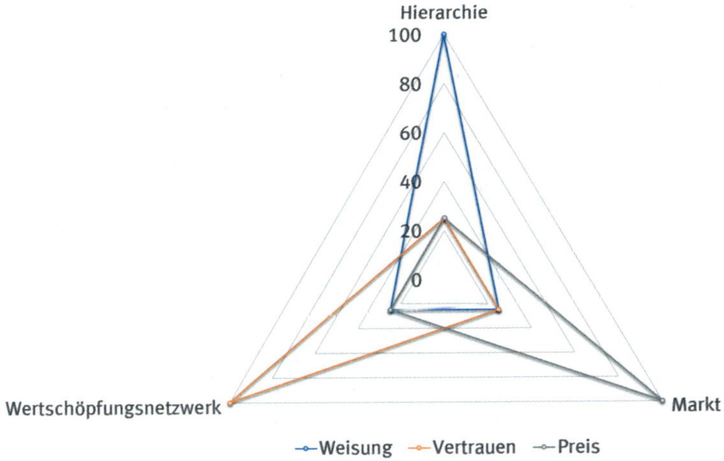

Abbildung 7: Beziehung zwischen Hierarchie, Markt und Wertschöpfungsnetzwerken[9]

Im Abschlussbericht des Arbeitskreises Industrie 4.0 wird der Begriff des Wertschöpfungsnetzwerkes wie folgt eingeordnet. „Dezentrales polyzentrisches Netzwerk, das gekennzeichnet ist durch komplexe wechselseitige Beziehungen zwischen autonomen, rechtlich selbstständigen Akteuren. Es bildet eine Interessengemeinschaft von potenziellen Wertschöpfungspartnern, die bei Bedarf in gemeinsamen Prozessen interagieren. Die Entstehung von Wertschöpfungsnetzwerken ist auf nachhaltigen ökonomischen Mehrwert ausgerichtet. Besondere Ausprägungen von Wertschöpfungsnetzwerken werden als Business Webs bezeichnet."[10]

Wer Vorgenanntes genauer liest, kann darin mindestens zwei Ansätze erkennen: BIM und Lean Construction. Und mit etwas Phantasie auch Kollaboration, weil die Interaktion zwischen mehreren Parteien eine intensive, vertrauensvolle Zusammenarbeit erfordert.

9 In Anlehnung an: Bach; Buchholz; Eichler, (2010), Seite 4.

10 Vgl. Bundesministerium für Wirtschaft und Energie (2014), Seite 1.

Durch die Einbeziehung des Kunden in die Wertschöpfung erlangen solche Wertschöpfungsnetzwerke auch im Bereich der Bedarfsanalyse des Kunden zunehmend an Bedeutung. So können Kundentendenzen beispielsweise hin zu einem bestimmten Wohnungstyp frühzeitig analysiert und in die Planung schon im Bereich der Projektentwicklung mit einbezogen werden.

Digitale Struktur

Eine wichtige Neuerung beim „Bauen 4.0" wird darin bestehen, die Planung, Fertigung und Fertigungssysteme vertikal mit betriebswirtschaftlichen Prozessen innerhalb der ausführenden Unternehmen und horizontal in Wertschöpfungsnetzwerken, von denen alle Baubeteiligten profitieren, zu vernetzen. Dabei wird auch zunehmend eine Steuerung der Fertigungsprozesse in Echtzeit Einzug halten. Diese Vernetzung ist ganz im Sinne von Lean Construction, befördert sie doch die Reduzierung der Verschwendung in allen Phasen und die Umsetzung der Prinzipien.

BEISPIEL

Bereits heute zeichnet ein Unternehmen aus dem Bereich Ausbau testweise die biometrischen Daten seiner Mitarbeiter auf. Selbstverständlich mit Zustimmung derselben und anonymisiert. Diese Daten werden dann in Bezug gesetzt zu der erbrachten Leistung und fließen dann zurück. Dies bietet dem Unternehmen die Möglichkeit, basierend auf „echten Daten", das nächste Projekt näher an der Realität zu kalkulieren.[11]

Entscheidend dabei ist, dass die Baubeteiligten und auch die eingesetzten Geräte und Maschinen über eine gemeinsame Datenumgebung (CDE = Common Data Environment) zu jeder Zeit auf die generierten Daten und damit Informationen zugreifen und verarbeiten können. Denn diese Informationen bilden die Grundlage für das Wissen, welcher Prozessschritt nachfolgend eingeleitet werden kann.

Die rasante Entwicklung im Bereich der digitalen Technologien macht den Einsatz von modernen IT-Tools wie Wearables (wearable computing) wahrscheinlich und unterstützt deren Entwicklung. Auch „vernetzte Bauhelme" sind im Kommen und werden den Alltag der Ausführenden verändern. Die Vision der Firma Max Bögl, die in einem Imagefilm gemeinsam mit dem Fraunhofer-Institut erstellt wurde, scheint zum Greifen nahe. Und das nur 15 Jahre später.

11 Es liegt die Bitte vor, das Unternehmen hier nicht namentlich zu benennen.

Dies setzt Standardisierungen auf IT-, Applikations- und Dienstebenen und sichere, sowie effiziente Netzwerkstrukturen mit hohen Bandbreiten voraus, um beispielweise Cloud-Dienste ausführen zu können.[12]

Bis dahin ist es sicherlich noch ein langer Weg, doch wie das vorgenannte Beispiel aufzeigt, gibt es bereits erste aus meiner Sicht sinnvolle Ansätze.

12 Vgl. Dienstleistungspotenziale im Rahmen von Industrie 4.0, Herausgeber: vbw Vereinigung der Bayerischen Wirtschaft e. V., Autoren: IW Consult GmbH Hanno Kempermann Dr. Karl Lichtblau, März 2014, Seite 7 f.

Woher kommt BIM?

Bereits im September 1974 haben Charles Eastman, David Fisher, Gilles Lafue, Joseph Lividini, Douglas Stoker, Christos Yessios in ihrer Veröffentlichung Folgendes beschrieben:

> „A building is considered as the spatial composition of a set of parts. The system, called Building Description System (BDS) has associated with it: (1) a means for easy graphic entering of arbitrarily complex element shapes; (2) an interactive graphic language for editing and composing element arrangements; (3) hardcopy graphic capabilities that can produce perspective or orthographic drawings of high quality; (4) a sort and format capability allowing sorting of the database by attributes, e.g. material type,/supplier, or composing a dataset for analysis.“[13]

An dieser Auslegung hat sich dem Grunde nach bis heute nicht wirklich viel geändert, außer dem Namen vielleicht, der von BDS zu BIM transformierte. Grundsätzlich kann dieses Papier aber für die Zeit, in der es verfasst wurde, als visionär bezeichnet werden.

Bereits zu diesem Zeitpunkt wurde von den Autoren verstanden, dass die Information in Verbindung mit einer Visualisierung das zentrale Wissensmedium zur Errichtung eines Bauwerkes ist und auch über den gesamten Lebenszyklus hinweg bleibt. Verständlich ist, dass sich damals nicht abschätzen ließ, wie sich die digitale Technologie in den kommenden Jahrzehnten verändern wird.

Erstaunlich ist in diesem Zusammenhang, dass es so lange gebraucht hat, bis sich dieser Ansatz durchsetzt. Auch wenn einige von sich heute behaupten, sie „machen schon seit 30 Jahren BIM“. Denn die Vorteile und Potenziale, die BIM sowohl als Managementansatz, Methodik und Wertschöpfungsnetzwerk bietet, liegen auf der Hand. Dem Grunde nach ist es bei der Umsetzung eines jeden Projektes zielführend, eine konsistente, in sich abgestimmte Planung vorliegen zu haben, die einen strukturierten und gut organisierten Projektablauf ermöglicht und es allen Beteiligten einfach macht, das eigentliche Bau-Soll zu erfassen.

13 An Outline of the Building Description System by Charles Eastman, David Fisher, Gilles Lafue, Joseph Lividini, Douglas Stoker, Christos Yessios, September 1974.

DOCUMENT RESUME

ED 113 833 EA 007 637

AUTHOR	Eastman, Charles; And Others
TITLE	An Outline of the Building Description System. Research Report No. 50.
INSTITUTION	Carnegie-Mellon Univ., Pittsburgh, Pa. Inst. of Physical Planning.
REPORT NO	RR-50
PUB DATE	Sep 74
NOTE	23p.
EDRS PRICE	MF-$0.76 HC-$1.58 Plus Postage
DESCRIPTORS	*Architectural Drafting; *Architectural Programing; *Building Plans; *Computer Graphics; *Computer Programs; Facility Planning; Facility Requirements; Spatial Relationship; Systems Approach

ABSTRACT

Many of the costs of design, construction, and building operation derive from the reliance on drawings as the description of record of the building. As a replacement, this paper outlines the design of a computer system useful for storing and manipulating design information at a detail allowing design, construction, and operational analysis. A building is considered as the spatial composition of a set of parts. The system, called Building Description System (BDS) has the following associated with it: (1) a means for easy graphic entering of arbitrarily complex element shapes; (2) an interactive graphic language for editing and composing element arrangements; (3) hardcopy graphic capabilities that can produce perspective or orthographic drawings of high quality; and (4) a sort and format capability allowing sorting of the data base by attributes, for example, material type, supplier, or composing a data set for analysis. (Author)

Abbildung 8: Auszug aus der Veröffentlichung von Eastman, Fisher, Lafue, Lividini, Stoker und Yessios[14]

14 An Outline of the Building Description System by Charles Eastman, David Fisher, Gilles Lafue, Joseph Lividini, Douglas Stoker, Christos Yessios, September 1974.

Wie wird BIM im Rahmen dieses Buches verstanden?

Kern der Methodik BIM („Building Information Modeling") ist die Erstellung von digitalen Bauwerks-Informations-Modellen. Diese Modelle werden zum besseren Verständnis der Projektbeteiligten in 3D-Modellen visualisiert. Diese Modelle beinhalten vordefinierte Elemente wie Bauteile und Räume.

Dafür werden in einem kooperativen Planungsprozess mit allen beteiligten Planern sukzessive die geometrischen Informationen festgelegt, mit allen relevanten alphanumerischen Informationen angereichert und verknüpft. Sie beschreiben beispielsweise Material, Lebensdauer, umweltrelevante und sonstige Eigenschaften wie Schalldurchlässigkeit oder Brandschutzmerkmale. Räume werden auf der Grundlage der sie begrenzenden Bauteile gesondert beschrieben. Ihnen können Eigenschaften wie zum Beispiel Volumen oder Nutzungsmöglichkeiten zugewiesen werden. Diese Informationen dienen als Datengrundlage während der Planung, Realisierung, der Inbetriebnahme, des Betriebs und der Erhaltung der Bauwerke.

Bei BIM handelt es sich um eine Arbeitsmethodik, die sich gleichermaßen an Auftraggeber, Planer und Auftragnehmer richtet und durch die Qualität, Aktualität und Transparenz von Projektinformationen zu einer höheren Sicherheit in Planung, Kosten und Terminen führen soll. BIM setzt eine Veränderung in der Projektabwicklung auf den unterschiedlichen Ebenen voraus und impliziert eine Orientierung hin zur kollaborativen Abwicklung von Bauprojekten.

Zusammengefasst ergibt sich damit folgende Definition für Building Information Modeling:

Building Information Modeling bezeichnet eine kooperative Arbeitsmethodik, mit der auf der Grundlage digitaler Bauwerks-Informations-Modelle die für ein Bauwerk für seinen gesamten Lebenszyklus relevanten Informationen und Daten konsistent erfasst, verwaltet und in einer transparenten Kommunikation zwischen den Beteiligten ausgetauscht oder für die weitere Bearbeitung übergeben werden.[15]

Der „BIM-Ansatz" kann bereits im Bereich der Projektentwicklung im Bauherren-Umfeld zum Tragen kommen, ebenso wie in der Ausführung für die Ermittlung von Mengen und Kosten, der Optimierung von Bauabläufen, der Kollaboration und Risiko-/Chancenabgrenzung sowie des Controllings.

15 BMVI, Stufenplan Digitales Planen und Bauen, Seite 4.

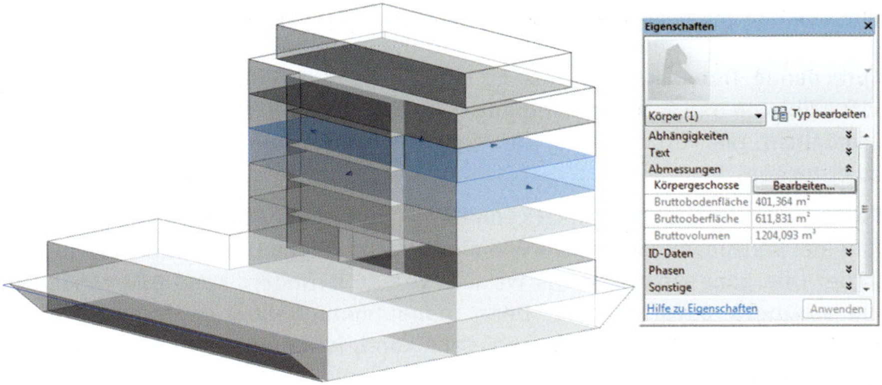

Abbildung 9: Beispiel eines „Klötzchenmodells" in einer frühen Projektphase in der CAD-Software[16]

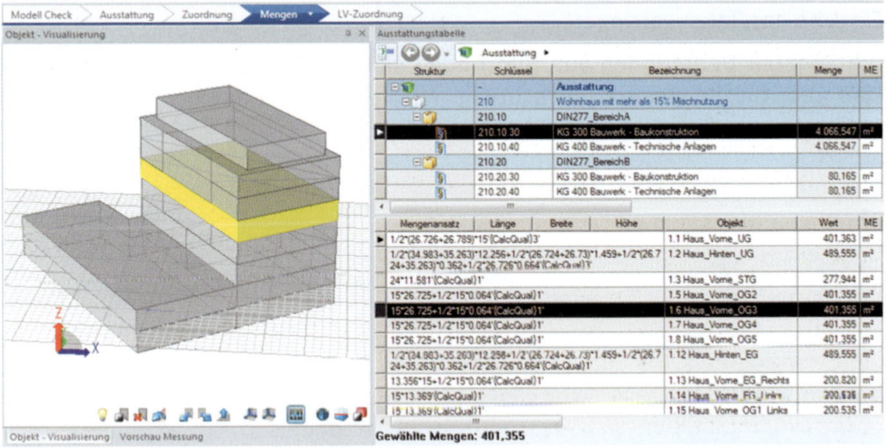

Abbildung 10: Beispiel eines „Klötzchenmodells" in einer frühen Projektphase in der AVA-Software[17]

16 Vergl. Lueken, Katharina, Masterthesis „BIM in der Projektentwicklung", Seite 54 ff.

17 Vergl. Lueken, Katharina, Masterthesis „BIM in der Projektentwicklung", Seite 54 ff.

Mit den Vorteilen von BIM wird ein neues Optimierungsniveau erreicht, in dessen Fokus eine höhere Planungs-, Termin- und Kostensicherheit durch entsprechende Transparenz liegen. Es vereinfacht durch eine frühzeitige Fehleridentifikation und Fehlervermeidung das Chancen- und Risikomanagement und ermöglicht, die Verbesserung der Planungsqualität bzw. eine höhere Qualität zu erreichen.

Für Unternehmen ist der Einsatz von BIM ein wichtiger Baustein zur Sicherstellung der Wettbewerbsfähigkeit und eines nachhaltigen Unternehmenserfolges. In der Übergangsphase, in der wir uns gerade befinden, kann BIM zusätzlich ein Wettbewerbsvorteil sein. Denn immer mehr Bauherren fordern derzeit BIM ein. Wer dann „BIM nicht anbieten" kann, ist bereits im Vorfeld aus dem Rennen.

Weiterhin eröffnet der kreative Umgang mit BIM viele Möglichkeiten, die eigene Wertschöpfungskette zu verbessern. Als Beispiel sei hier die Vermeidung der Mehrfacheingabe von identischen Daten genannt, die bei der Reduzierung von Eingabefehlern hilft, sondern auch den Zeitaufwand für eben diese mehrfache Eingabe der Daten verringert.

Die anderen Definitionen von BIM finden sich im Glossar dieses Buches. Sie sind aber für die weitere Betrachtung innerhalb dieses Buches nur am Rande relevant und werden daher nicht näher erläutert.

Woher kommt Lean Construction?

Ursprünglich wurde Lean Production in der Automobilindustrie eingesetzt. Hierbei ging es um eine schlanke Produktion, die als ganzheitliches Produktionssystem (GPS) verstanden wird. Dies hatte sich bei weltweit durchgeführten Studien herausgestellt. Diese Studien kamen zu dem Schluss, dass bestimmte Methoden bzw. Ansätze einen deutlich höheren Grad der Wertschöpfung erreichen, als beispielsweise der herkömmliche Ansatz der Fließbandproduktion. Das Konzept dahinter basiert auf fünf Prinzipien:

- Definition des Wertes aus Sicht des Kunden,
- Identifikation des Wertstroms,
- Herstellung des Fluss-Prinzips,
- Etablieren des Pull-Prinzips,
- Streben nach Perfektion.

Die Ansätze von Lean Production haben inzwischen nicht nur in der Automobilbranche Einzug gehalten, sondern finden sich inzwischen in unterschiedlichen Auslegungen in nahezu allen Industrie- und Dienstleistungsbereichen. Lean Construction basiert ebenfalls auf den fünf Prinzipien, stellt aber eine Weiterentwicklung und Übertragung auf die Baubranche dar.

Die Definition von Lean Construction ist nicht eindeutig und wird zum Teil heftig diskutiert. Eine gängige Definition von James P. Womack lautet sinngemäß:

„Werte ohne Verschwendung“ zu schaffen, d.h., alle Aktivitäten, die für die Wertschöpfung erforderlich sind, optimal aufeinander abzustimmen und überflüssige Tätigkeiten zu vermeiden.[18]

Die Produktionsprinzipien wurden ausgehend von der Automobilindustrie entwickelt und abstrahiert. Damit wurde Unternehmen die Gelegenheit geboten, mit den so definierten Vorgehensweisen deutliche Produktivitätssteigerungen zu erzielen.

Die dabei entstehende hohe Transparenz der Effizienz von Produktionsschritten führt zu einem Innovationsdruck, die betrachteten Prozesse kontinuierlich zu verbessern. Diese Ansätze sind in der VDI-Richtlinie 2870 „ganzheitliche Produktionssysteme (Lean-Production)“ beschrieben.[19]

Bei Bauprojekten wiederholen sich im Bereich der Planung und Ausführung die Prozessschritte auch bei unterschiedlichen Bauwerken in gleichartiger Weise.

18 James P. Womack, 2003.

19 VDI-Richtlinie 2870, Teil 2, 2013-02, Beuth Verlag.

Damit unterscheiden sie sich vom Kern her nicht wesentlich von Prozessen der stationären Fertigung und somit kann Lean Production auch auf die Bauindustrie übertragen werden.

Klar ist aber auch, dass sich stationäre Fertigung und die Bauindustrie nicht 1:1 vergleichen lassen. Daher nachfolgend eine Aufstellung der wesentlichen Unterschiede:

Tabelle 1: Gegenüberstellung stationäre Produktion vs. Mobile Baustellenfertigung

Stationäre Produktion	Mobile Baustellenfertigung
Mensch und Maschinen sind standortbezogen fest	Produkte (Bauprojekt) standortbezogen fest
Produkte wandern von Station zu Station	Arbeitsstationen (Gewerke) wandern durch das Bauprojekt
Weitestgehend witterungsunabhängig	Einflüsse durch Witterung, Temperatur, Verkehr usw.
Längerfristige Rahmenverträge mit Zulieferern	Projektbezogene Zusammenarbeit mit Nachunternehmern, i. d. R. keine Rahmenverträge
Produktionsteam weitestgehend gleichbleibend	Teamzusammensetzung in jedem Projekt neu
In der Regel Abschluss der Planung vor Produktionsbeginn	In der Regel baubegleitende Einbindung des Kunden in den Herstellprozess
In der Regel werden Serien produziert	Einzelfertigung auf kundenspezifische Bedürfnisse (alles ist möglich)

Berücksichtigung finden müssen die variablen Randbedingungen von Bauprojekten. Diese lassen sich ebenso wie der nicht stationäre Charakter der Bauproduktion durch abstrahierte und adaptierte Produktionsprinzipien berücksichtigen und finden auf allen Hierarchieebenen Anwendung.

Wie bei der Einführung von ganzheitlichen Produktionssystemen in der stationären Fertigung geht es um „Kapieren statt Kopieren“.[20]

20 VDI-Richtlinie 2870, Teil 2, 2013-02, Beuth Verlag.

Klar ist aber auch, dass sich gerade in Verbindung mit BIM ein höheres Maß an Vorfertigung ergeben kann und wird. Dies ist insbesondere dem Umstand geschuldet, dass die Bauwerks-Informations-Modelle alle relevanten Daten vorhalten und zum richtigen Zeitpunkt bereitstellen. Somit ergibt sich ein weiterer Schritt in Richtung stationäre Fertigung; Lean Production und Lean Construction rücken damit dichter zusammen.

Wie wird Lean Construction im Sinne dieses Buches verwendet?

Lean Construction wird oftmals als reine Arbeitsmethodik interpretiert. Mindestens ebenso wichtig wie die darin enthaltenen „Methoden" ist der philosophische, kulturelle Grundgedanke, der sich dahinter verbirgt und als Lean Thinking bezeichnet wird.

Bei konsequenter Umsetzung von Lean Construction geht es nicht primär darum, ein Endziel zu erreichen. Es handelt sich um den kontinuierlichen Prozess der kleinen Schritte hin zum Besseren. Dabei ist zu berücksichtigen, dass ein Unternehmen, das von sich behauptet, Lean zu sein, schon nicht mehr Lean ist.

Im Unterschied zur konventionellen Umsetzung von Bauprojekten wird mit Lean Construction ein ganzheitlicher Ansatz verfolgt, der die Kundenzufriedenheit, Kooperation aller Projektbeteiligten, die Erhöhung der Wertschöpfung sowie den Projekterfolg als zentrale Elemente in den Vordergrund stellt. Der Projekterfolg profitiert maßgeblich von einer prozessorientierten und damit strukturierten Vorgehensweise unter Lean Construction. Die auf konventionellen Baustellen übliche und akzeptierte Verschwendung wird auf ein Minimum reduziert.

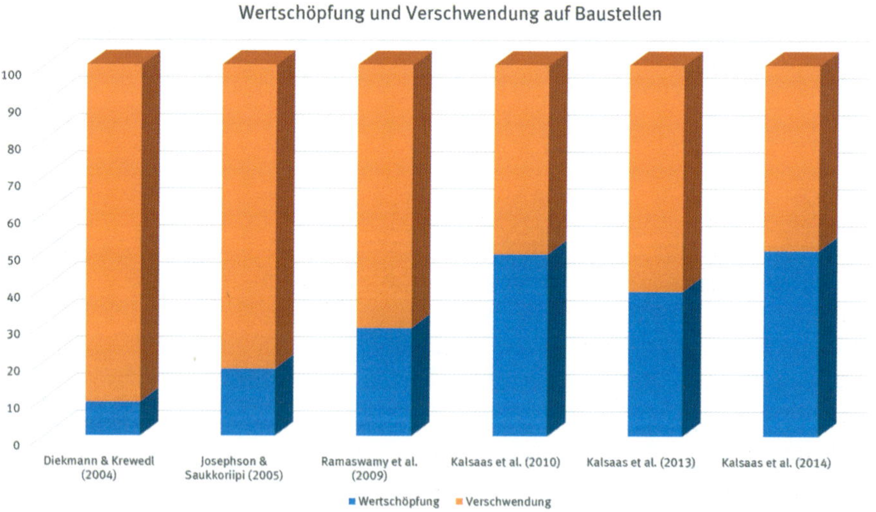

Abbildung 11: Wertschöpfung und Verschwendung aus der Sicht von Lean Construction

Der mit Projektbeginn zu definierende Projekterfolg dient als Fundament für eine motiv-kompatible Kooperation der Projektbeteiligten. Dieser Ansatz unterscheidet sich grundlegend von den bisher kontrovers geführten konventionellen Bauvorhaben.

Fallen konventionelle Baustellen eher durch ein chaotisch wirkendes Erscheinungsbild und einen hohen Aktionismus zum Projektende hin auf, sorgt Lean Construction dagegen für eine klare Anordnung von Prozessen. Diese haben zum Ziel, die konkrete Organisation der Arbeitsinhalte sowie deren strukturierte Abarbeitung zu vereinfachen und im besten Fall zu standardisieren. Es entsteht ein „Stillleben“ auf den Baustellen.

Vorgenanntes lässt sich auch wie folgt auslegen: Wir denken damit regelmäßig in Momentaufnahmen und suchen dann den effizientesten Weg von einem Bild zum nächsten.

Lean Construction soll helfen, die Planungs- und Bauprozesse zu gestalten und zu optimieren. Gleichzeitig rücken Respekt, Wertschätzung und die Einbeziehung aller Baubeteiligten in den Vordergrund. Hinzu kommt die Ausrichtung der Prozesse hin zur Maximierung des Kundennutzens. In diesem Kontext wird aber nicht nur der Bauherr als Kunde verstanden, sondern dieser kann auch unternehmensintern, jede andere Projektpartei oder das Folgegewerk sein.

Basis der Betrachtung sind der Wert aus Sicht des Kunden und die Maximierung des Kundennutzens. Für die Maximierung des Kundennutzens ist die Verbindung des Produkts mit den Prozessen der Ausführung erforderlich. In diesem Zuge wird eine Minimierung der Verschwendung angestrebt.

Gleichzeitig hilft Lean Construction die Belastung aller Projektbeteiligten wieder auf ein normales und dem Projekt zuträgliches Maß zurückzuschrauben.

Darüber hinaus eröffnet sich bei Einsatz von Lean Construction in den Bereichen Planen, Bauen und Betrieb im Vergleich zu konventionellen Ansätzen auch die Chance, nicht nur ressourcenschonender, sondern auch wirtschaftlicher zu agieren. Dies bezieht sich insbesondere auch auf die Ressource Mensch und das dem Projekterfolg verpflichtete Projektteam.

Hervorzuheben ist eine nahezu automatisch eintretende und gewollte kontinuierliche Verbesserung sowie die damit einhergehende Lernkurve bei allen Projektbeteiligten. Im Vergleich zu konventionellen Bauvorhaben werden Fehler durch regelmäßige Qualitätssicherung frühzeitig erkannt, eliminiert und das Projektteam erhält die Chance, aus seinen Fehlern zu lernen. Diese Fehleroffenheit und das damit einhergehende Verständnis der Beteiligten, einen Fehler als Chance zu betrachten, schaffen gewollt eine wertvolle Vertrauensbasis unter den Projektbeteiligten. Hier offenbart sich der Unterschied zwischen einem konventionellen und einem lernenden Projekt.

Lean Construction nutzt den hohen Wiederholungsfaktor von wiederkehrenden Arbeiten, der bei den Ausführenden zu einem Anstieg der Lernkurve und damit zu einem hohen Grad an Effizienz führt. Grundlage dafür bildet eine effektive Anordnung der Prozesse am Bau und in der Planung. Im Idealfall erstreckt sich der Lean-Gedanke über den gesamten Lebenszyklus eines Bauwerkes.

In der Bauindustrie wird oft zur Abwehr neuer Arbeitsmethoden das Argument herangezogen: „Wir bauen Unikate, nichts ist gleich." Der Reflex, jede Innovation direkt abzuwehren, wird mit der Gedankenwelt des Lean Construction zurückgebildet, denn jeder neue Gedanke ist die Chance zur Verbesserung der eigenen Leistung.

BIM und Lean Construction: Methodik, Managementansatz oder Arbeitsweise?

Die Antwort hierauf zu geben, ist nicht ganz so einfach, wie es zunächst erscheint. Und es scheiden sich die Geister daran, ob und wie BIM und Lean Construction auf eine Ebene gehoben werden können. So gibt es Vertreter in der Wissenschaft, die strikt zwischen dem Managementansatz Lean Construction und BIM als Arbeitsmethodik trennen. Doch ist dem wirklich so?

Das hängt maßgeblich davon ab, ob BIM als building information modeling, ...model oder ...management verstanden wird. Handelt es sich um Letzteres, so muss wohl auch seitens der oben genannten Vertreter eingeräumt werden, dass es sich auch hierbei ganz klar um einen Managementansatz handelt. Genaueres werden die Normen wie die ISO 19650 Teil 1 und 2 sowie die VDI-Richtlinie 2552 erläutern. Wer sich diese Normen/Richtlinien durchliest, wird feststellen, dass diese sich weniger der Arbeitsmethodik BIM als dem Managementansatz verschrieben haben.

Es stellt sich daher die Frage, ob es nicht auch zielführend ist, eine derartige Differenzierung bei Lean Construction zu machen. Denn Management alleine erledigt noch keine Baustelle und errichtet auch kein Bauwerk.

Und bei beiden Ansätzen muss auch noch berücksichtigt werden, dass sich nicht nur die Arbeitsweise ändern muss, sondern das Denken und die gesamte Kultur im Unternehmen. Ein besonderes Augenmerk ist hierbei darauf zu richten, dass die Unternehmensführung sich die Themen BIM und Lean Construction zu eigen machen muss. Nur die konsequente Nachverfolgung der zuvor gesetzten Strategie und mit den darin enthaltenen Zielen und Terminen führt bei der Implementierung der Ansätze zum Erfolg. Delegieren in die nächste Hierarchiestufe dagegen führt eher zum Scheitern als zur erfolgreichen Einführung.

Die Diskussion, ob BIM Teil von Lean Construction ist oder sich die Sache doch eher umgekehrt verhält, hat in meinem Umfeld schon des Öfteren für hitzige Diskussionen gesorgt. Doch lohnt sich diese Diskussion überhaupt?

Die Antwort darauf erscheint eher einfach und überschaubar. Aus meiner Sicht sind die beiden Methodiken BIM und Lean Construction absolut gleichberechtigt und voneinander unabhängig. Dies lässt sich auch in der Praxis reichhaltig beobachten.

So werden Projekte im Bauwesen umgesetzt, die von der Planung her konventionell und ohne den Einsatz von BIM umgesetzt werden. In der Ausführung kommt dann Lean Construction zur Ausführung. Im Idealfall auch schon in der Planung.

Ebenso werden Projekte unter Berücksichtigung von BIM durchgeführt, ohne dass Lean Construction zum Einsatz kommt.

Ist BIM Teil von Lean Construction oder umgekehrt?

Die Diskussion, ob BIM Teil von Lean Construction ist oder sich die Sache doch eher umgekehrt verhält, hat in meinem Umfeld schon des Öfteren für hitzige Diskussionen geführt. Doch lohnt sich diese Diskussion überhaupt?

Bevor diese Diskussion geführt wird, sollten sich die Diskutierenden zunächst einmal darüber einigen, von welchem BIM oder welcher Lean Construction sie gerade sprechen. Oftmals wird angeführt, bei BIM handele es sich um eine Arbeitsmethodik, was dem Grunde nach auch stimmt. Dagegen wird dann die Aussage gestellt, bei Lean Construction handele es sich um einen Managementansatz. Doch sind solche Argumente wirklich hilfreich und zielführend? Ist es wirklich entscheidend, dass einer der beiden Ansätze führend ist?

Ein Blick in Richtung Planung mag dort weiterhelfen. Unbestritten dürfte sein, dass BIM mit Sicherheit eine Methodik ist, die bei richtiger Umsetzung die Planung optimieren kann.

Die Antwort darauf erscheint aus meiner Sicht sehr einfach und überschaubar: BIM und Lean Construction sind absolut gleichberechtigt und voneinander unabhängig. Dies lässt sich auch in der Praxis reichhaltig beobachten.

Alles nur Information, oder?

Was macht das Zusammenführen von BIM und Lean Construction so interessant, effizient und vor allem auch lukrativ? Das I. Dabei ist davon auszugehen, dass Informationen das Wirtschaftsgut der Zukunft darstellen. Anders ist das Engagement von Firmen wie Apple oder Google am Bau eines Autos nicht zu erklären. Jeder Euro oder Dollar, der hier investiert wird, bedeutet ein Investitionsrückfluss vom 4- bis 5-Fachen auf Basis der Informationsvermarktung. Das Konsumverhalten der Menschen, ihr Energiebedarf, ihre Mobilität stehen dabei maßgeblich im Fokus, lassen sich doch darauf basierend genaue Einschätzungen vornehmen, wie viele Menschen beispielsweise am kommenden Tag öffentliche Verkehrsmittel nutzen werden oder wie der Stromverbrauch eines Bürogebäudes sein wird. Mit diesen Informationen ausgestattet, lassen sich ganz andere wirtschaftliche Abgrenzungen treffen und Verträge auf Tagesbasis schließen.

Abbildung 12: Das I macht's: Informationen mehrfach verwenden hin zu ILC

So können dann auch die Informationen, die bereits im Bauwerks-Informations-Modell enthalten sind, in vielfältiger Weise für Lean Construction verwendet werden. Es entsteht die „Information-based Lean Construction"© (ILC)*, zugegebenermaßen eine eigene Wortschöpfung. In der Regel sind beispielsweise die Nettomassen in den erstellten CAD-Modellen, die einen Teil von BIM darstellen, enthalten und können dort ohne Probleme entnommen und damit mehrfach verwendet werden.

* ILC = Information-based Lean Construction, © Samy Kröger, 2018

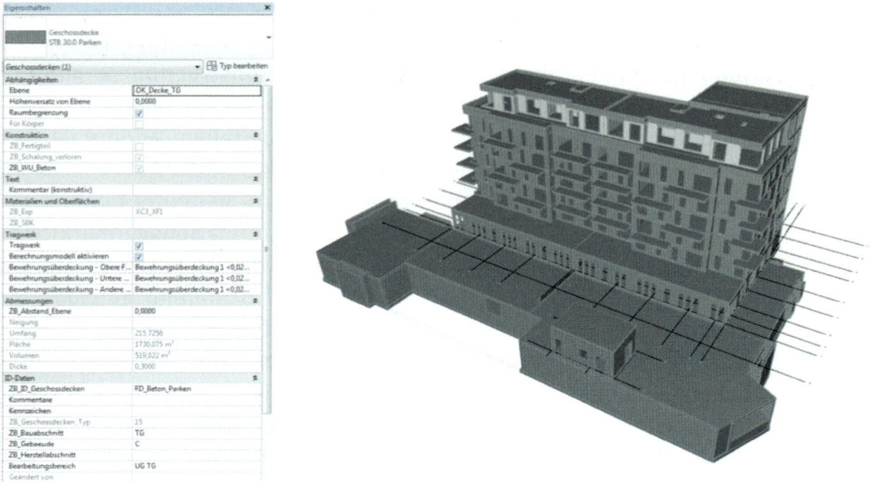

Abbildung 13: Beispiel CAD-Modell mit enthaltenen Informationen

Selbstverständlich ist es erforderlich, den Informationsfluss zu organisieren. Damit beschäftigt sich BIM im Sinne von building information management. Denn es erscheint zwingend erforderlich, dass die Informationen, bevor sie an anderer Stelle weitergenutzt werden, auch verifiziert und vor allem auch freigegeben werden.

Alleine dieser Schritt ist Lean in Reinkultur. Denn die Eliminierung der Schnittstellenrisiken und die Optimierung der Informationsgewinnung und -verwertung stellen eine Reduzierung der Verschwendung dar. Das Potenzial liegt darin, dass Sie die Verschwendungsart „Mangelndes Fachwissen der Mitarbeiter“ in den Fokus nehmen. Wie das funktioniert?

Ausgehend davon, dass die Informationen in einem Datenmodell vorliegen, lassen sich die Daten natürlich auch wieder in Informationen umwandeln und sind zur Kommunikation, Interpretation oder Verarbeitung geeignet. Und Informationen führen in der Regel zu explizitem bzw. implizitem Wissen. Der Schwerpunkt muss in aller Regel jedoch auf der Generierung von explizitem Wissen liegen, lässt sich dieses doch in aller Regel standardisieren, und ist automatisierbar.

Dieses versetzt die handelnden Personen in die Lage, zu agieren.

Dabei ist entscheidend, wann dieses Wissen vorliegt. Je früher dieses Wissen, und somit die Informationen vorliegen, desto wahrscheinlicher ist es, dass proaktiv gehandelt werden kann. Die Aktion wiederum erzeugt Informationen, die in Daten umgewandelt werden können. Der Kreislauf beginnt von vorne. Dies von mir DIKAI©* benannte Prinzip wird nachfolgend abgebildet. Bei richtiger Verwendung handelt es sich um einen Kreislauf der Informationserzeugung und -gewinnung.

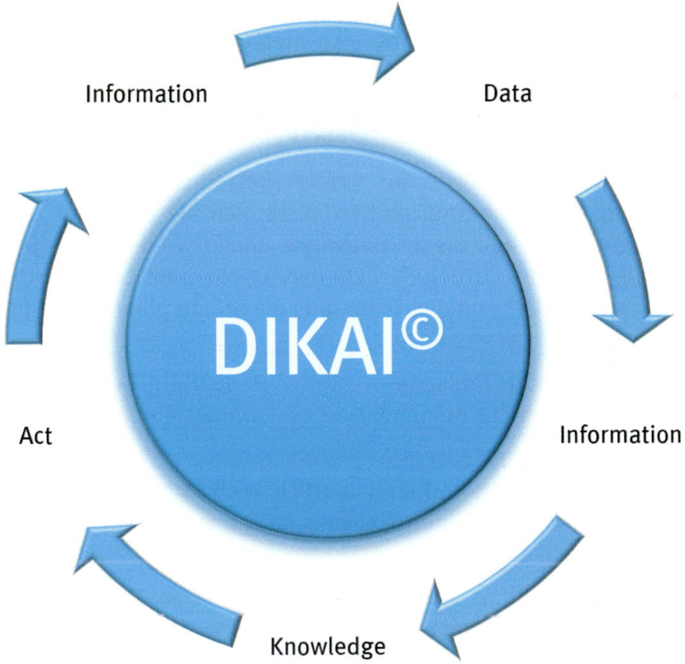

Abbildung 14: DIKAI© – Wie aus Daten Aktionen entstehen

Da die Informationen nicht, wie oft angenommen, aus einem einzigen Modell kommen, sondern in unterschiedlichen Teil- bzw. Fachmodellen vorgehalten werden und diese dann untereinander vernetzt sind, ist das Management der Informationen eine nicht ganz banale Aufgabe. Insbesondere dann, wenn die Informationen nach dem Pull-Prinzip genutzt werden sollen.

* DIKAI = Data – Information – Knowledge – Action – Information – Cycle, © Samy Kröger, 2018

Wie Prozesse das Bauen verändern können und werden

Bereits im Kapitel zuvor wurde darauf hingewiesen, dass sich das Bauwesen oftmals auf die Argumentation zurückzieht, sie baue Unikate. Diese Aussage stimmt dem Grunde nach auch, denn in ihrer gestalterischen Form unterscheidet sich die eine Brücke von der anderen, ebenso wie ein Gebäude vom anderen. Dies ist nicht zuletzt dem gestalterischen Anspruch der Architekten und Ingenieure geschuldet. Oder wie in Hamburg die Einbeziehung der Anwohner in die Gestaltung der U-Bahnhöfe der geplanten Linie U5.

Doch wer das Planen und Bauen sowie das spätere Betreiben der Bauwerke genauer betrachtet, wird schnell darauf stoßen, dass sich die Prozesse zum Planen, Bauen und Betreiben eben dieser Bauwerke immer wiederholen. Der Prozess beispielsweise, um eine Ortbetonstütze herzustellen, ist dem Grunde nach immer derselbe, nur der Ort und das Team, das die Stütze plant und baut, sind andere.

Doch warum messen wir dieser Tatsache so wenig Bedeutung bei? Warum werden erfolgreiche Prozesse nicht dokumentiert und wieder eingesetzt bzw. standardisiert?

Die Antwort darauf fällt nicht leicht und ist sicherlich auch in gewisser Weise dem menschlichen Verlangen geschuldet, Neues schaffen zu wollen. Doch ist diese Herangehensweise auch effizient?

Bei genauer Betrachtung offenbart sich umgehend ein hohes Maß an Verschwendung von Ressourcen. Dies insbesondere, weil eine Standardisierung gerade in diesem Bereich dazu führen wird, dass nicht nur strukturierter gearbeitet werden kann, sondern sich gleichzeitig eine Verbesserung der Qualität mit weniger Mängeln einstellt.

Nicht zu unterschätzen ist dabei der sich beim Menschen einstellende Lernprozess. Durch die regelmäßige Wiederholung eines standardisierten Prozesses wird dieser unweigerlich eintreten.

Viel zu sehr wird oft das Augenmerk auf die drei „Symptome“ Kosten, Termin und Qualität gerichtet. Klar gibt es auch Vorgaben hinsichtlich dieser Faktoren. Doch lassen sich diese ohne eine intensive Betrachtung der Prozesse überhaupt in den Griff bekommen? Und wenn wir von Qualität sprechen, um welche geht es dann genau? Ausführungs- oder Prozessqualität? Welche ist an welcher Stelle relevant? Und für wen?

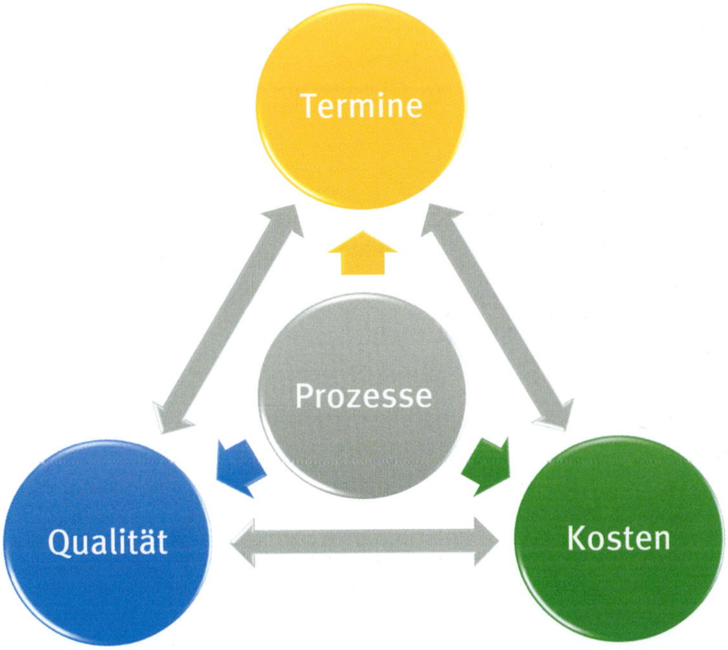

Abbildung 15: Prozesse bedingen Kosten, Qualität und Termine

Bevor man sich mit den Kriterien Kosten, Qualität und Terminen beschäftigt, ist es dem Grunde nach unumgänglich, sich mit Prozessen auseinanderzusetzen. Um Prozesse an BIM und Lean Construction anzupassen, ist es zunächst erforderlich, bestehende Prozesse zu erfassen und zu analysieren. Dabei gilt es zu beachten, dass nicht alle bereits existierenden Prozesse generell umgestaltet oder gar neu erfunden werden müssen. Insbesondere ist auch hier der Faktor „Mensch" zu berücksichtigen. Die gegebenenfalls erforderliche Anpassung von Prozessen auf BIM und Lean Construction muss die Menschen einbinden und selbstverständlich dem Ziel dienen, das für ein Unternehmen oder ein Projekt definierte Ziel zu erreichen. Das kann im Einzelfall bedeuten, dass diese Prozesse immer wieder auf das jeweilige Projekt hin angepasst werden müssen. Im Idealfall lassen sich die Prozesse standardisieren und dieser Schritt kann entfallen. Dieses unterstützt dann auch den Ansatz, Varianzen in der Projektabwicklung deutlich zu reduzieren. Sowohl BIM als auch Lean Construction verfolgen das vorgenannte Ziel.

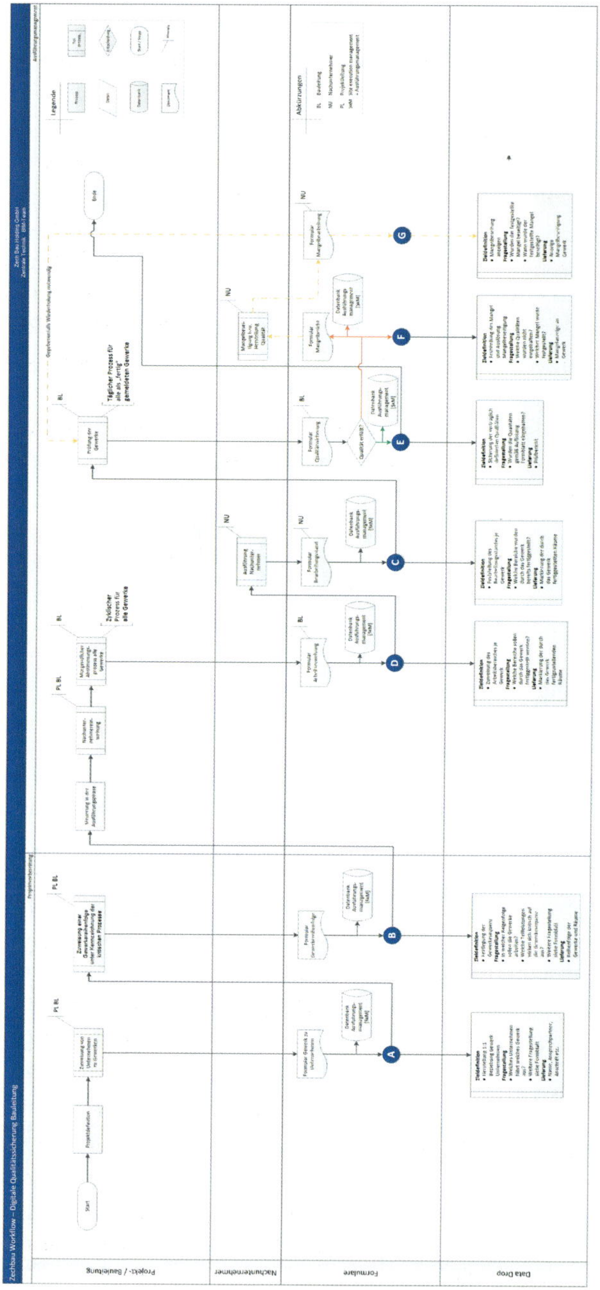

Abbildung 16: Ausschnitt aus einer Prozesslandkarte zur Qualitätssicherung und Mangelerfassung

Was ist ein Prozess?

Diese Frage im Rahmen dieses Buches zu beantworten, ist wenig zielführend und würde den gesetzten Rahmen sprengen. Daher wird ein Prozess wie folgt beschrieben:

Ein betrieblicher Prozess definiert sich dadurch, dass es einen (internen oder externen) Auftraggeber (Kunden) gibt, der das Prozessergebnis – den Output – abnimmt und dafür bereit ist, einen Wertausgleich zu schaffen. Der Auftraggeber definiert die Auftraggeber-Produkt-Anforderungen (APA) an den Output. Die diesen Output erzeugenden Produktionsschritte sind in der betriebswirtschaftlichen Definition der Prozess. Der Prozess startet mit einem definierten Auslöser (englisch Trigger). Jedes Mal, wenn das den Auslöser definierte Ereignis eintritt, startet der Prozess.

Bei jedem Prozessschritt muss eine Überprüfung der geforderten Qualität und Konformität mit den APA durchgeführt und dokumentiert werden.

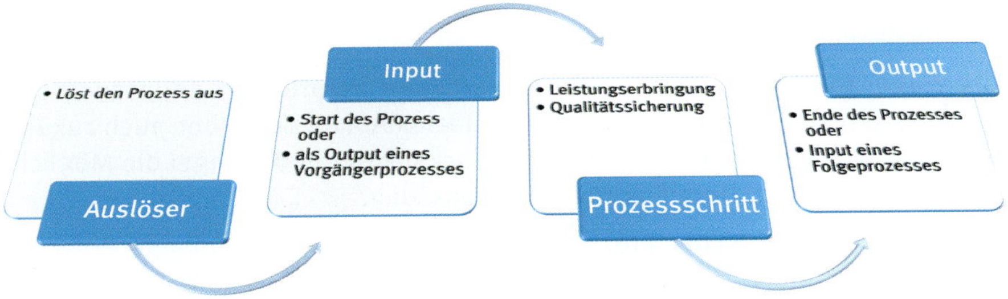

Abbildung 17: Schematische Darstellung eines Prozesses

Der Output in der definierten und damit geforderten Qualität stellt das eigentliche Prozessziel dar, welches mit jedem Durchlauf erreicht werden soll. Die Erreichung dieses Prozesszieles wird durch klare Kenngrößen gemessen und entsprechend dokumentiert. Dabei kann die Messung dieser Kenngrößen heute schon über digitale Technologien in Form von Checklisten erfolgen. Zielführend ist es in diesem Zusammenhang, diese dann mit dem BIM-Modell zu verbinden und eine entsprechende Dokumentation, beispielsweise in der digitalen Bauakte, durchzuführen.

Ein Handlungsbedarf zur Anpassung des Prozesses ergibt sich aus der Information über die Zielerreichung. Eine Unterschreitung des Ziels kann eine mangelhafte Ausführungsqualität bedeuten. Eine Übererfüllung deutet dagegen darauf hin, dass ein Ziel erreicht wird, für das der Kunde gegebenenfalls gar nicht zahlt. Diese Form des „overprocessing" ist ebenso zu vermeiden wie die Unterschreitung der geforderten Qualität.

Prozesse kennen ihre Abhängigkeiten untereinander. Die isolierte Betrachtung eines Prozesses ist nur in sehr seltenen Fällen zielführend. Vielmehr muss der Prozess immer im Kontext zu den Prozessen betrachtet werden, die ihm vor- oder nachgeordnet sind.

Auf Grund des oft zitierten Unikatcharakters von Bauprojekten ist eine umfassende und vollständige Festlegung von Prozessen in den frühen Projektphasen nicht immer möglich. Die Baubeteiligten werden oftmals erst im Projektverlauf sukzessive benannt bzw. wechseln diese gegebenenfalls in den einzelnen Phasen. Die genaue Modulation der Prozesse ist dabei von der Art des Projektes und den Rahmenbedingungen abhängig. Mit Bezug auf BIM und Lean Construction ergeben sich die erforderlichen Prozesse zum Großteil dem Grunde nach erst aus den Auftraggeber-Produkt-Anforderungen, den Auftraggeber-Informations-Anforderungen und dem daraus entwickelten BIM-Abwicklungsplan. Aus vertragsrechtlicher Sicht werden die AIA als Vertragsbestandteil gesehen. Eine Änderung dieser ist also eine Leistungsänderung im Sinne des § 650b BGB. Von daher wird eine Änderung der AIA eher seltener vorzufinden sein als die eines BAP, ausgeschlossen ist sie damit jedoch nicht.

Aus Vorgenanntem folgen eine kontinuierliche Überprüfung, Anpassung und Verbesserung der Prozesse, um einen optimalen Ablauf derselben auch zukünftig sicherzustellen. Ein Prozessmodell berücksichtigt in der Regel die Möglichkeit der Erweiterung, Detaillierung und Anpassung.

Die Ableitung generischer Prozessvorlagen für sich wiederholende Prozesse ermöglicht die Standardisierung, erhöht die Effizienz und Qualität der firmeninternen sowie der firmenübergreifenden Abläufe. Ebenfalls ist zu berücksichtigen, dass sich die Rahmenbedingungen, also Input, Produktivität und Output, ebenfalls verändern können. Die generischen Prozessvorlagen sind den aktuellen Gegebenheiten, Kundenbedürfnissen oder den Veränderungen der Umwelt ständig anzupassen.

Über die projektspezifischen Anpassungen hinaus sollten die Prozessvorlagen nicht nur an neue Technologien und Richtlinien angepasst werden, sondern regelmäßig auf Effizienz, generelle Erfordernis, die Möglichkeit des Zusammenfassens mit anderen Prozessen und die auszutauschenden Informationen hin überprüft und verbessert werden.

Rollen, Interaktionen und Transaktionen

Entscheidend für die Definition des Prozesses ist es, Rollen, die in den Prozess involviert sind, zu beschreiben. Dabei reicht es in der Regel nicht aus, die Rollen alleine zu benennen, vielmehr müssen die Verantwortlichkeiten und

Aufgaben der Rollen eindeutig beschrieben und zugeordnet sein. Idealerweise beinhaltet die Rollenbeschreibung die erforderlichen Qualifikationen zur Ausübung der Rolle. Die Verschmelzung mit Berufsbezeichnungen oder mit anderen personenbezogenen Bezeichnungen ist zu vermeiden.

Ergänzend sei erwähnt, dass der Prozess keine Personen an sich kennt. Vielmehr kann eine Person mehrere Rollen wahrnehmen. Ebenso kann es bei Großprojekten durchaus sein, dass eine Rolle auf mehrere Personen verteilt wird. Diese Aufteilung ist dann zu dokumentieren, damit die Eindeutigkeit von Rolle, Verantwortlichkeit und Aufgabe erhalten bleibt.

BEISPIEL

Für ein effektives Informations-Management ist es erforderlich, die Rollen desselben von denen des Planerumfelds klar zu trennen. Klar sein dürfte, dass beispielsweise in kleinen und mittelständischen Planungsbüros die Rolle des Informations-Autors und des Objektplaners in Personalunion ausgeführt wird. Sehr wahrscheinlich wird diese Person gegebenenfalls auch die Informations-Koordination übernehmen. Als zielführend erscheint es in diesem Zusammenhang, Rollen in vertragliche Vereinbarungen einzubinden. Im Falle von BIM kann dies beispielsweise im Rahmen der Auftraggeber-Informations-Anforderungen oder des BIM-Abwicklungsplanes erfolgen. Dies erfolgt entweder durch einen bestimmten Gesamtprozessplan und/oder allgemeinere Verpflichtungen. Rollen des Informations-Managements sollen sich nicht auf Planungs-Verantwortlichkeiten beziehen.

Die Rollenbeschreibung ist den die Rolle wahrnehmenden Personen transparent zu machen. Dies bezieht sich auf die mit der Rolle verbundenen Aufgaben, Verantwortlichkeiten sowie die erforderlichen Qualifikationen. Nur dann kann sichergestellt werden, dass die Rolle auch in dem geforderten und zuvor definierten Rahmen ausgefüllt wird.

Dabei kommt es zwischen den Rollen zu Interaktionen. Diese werden im Kontext mit BIM als Handlungen zwischen zwei Rollen definiert, die für das Zustandekommen einer Informationslieferung zur Erfüllung der vordefinierten Auftraggeber-Informations-Anforderungen relevant sind. Dabei ist es durchaus zielführend, sich zunächst einmal einen Überblick auf Projektebene zu verschaffen. Dieses Vorgehen ist im Kontext mit BIM unverzichtbar, macht jedoch im Kontext mit Lean Construction beispielsweise in der Gesamtprozessanalyse Sinn.

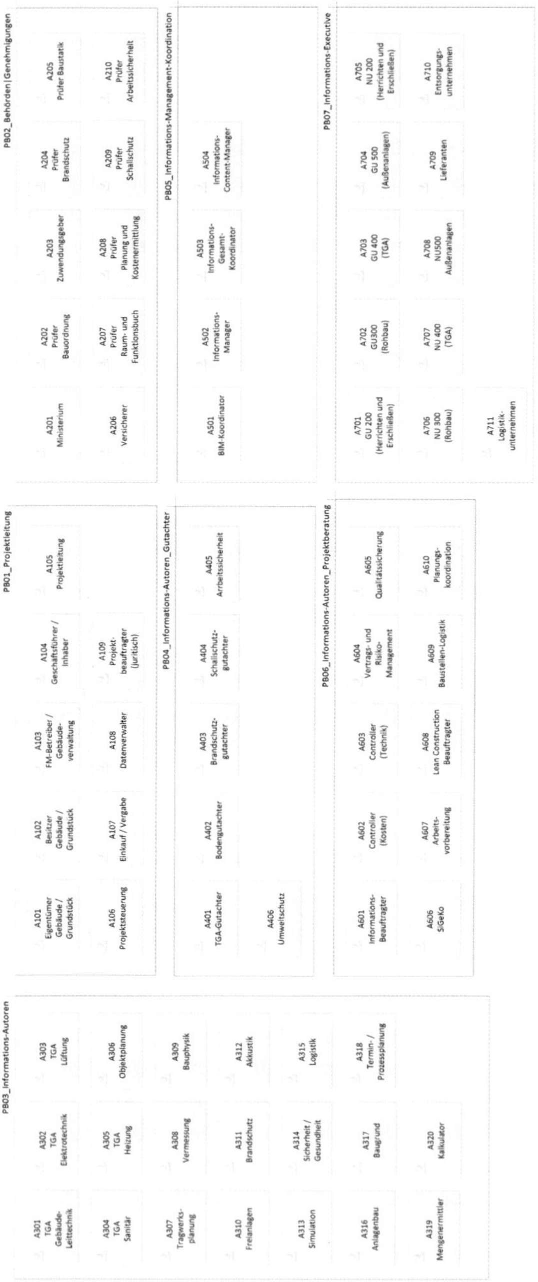

Abbildung 18: Beispiel Rollendefinition in einem BIM-Projekt

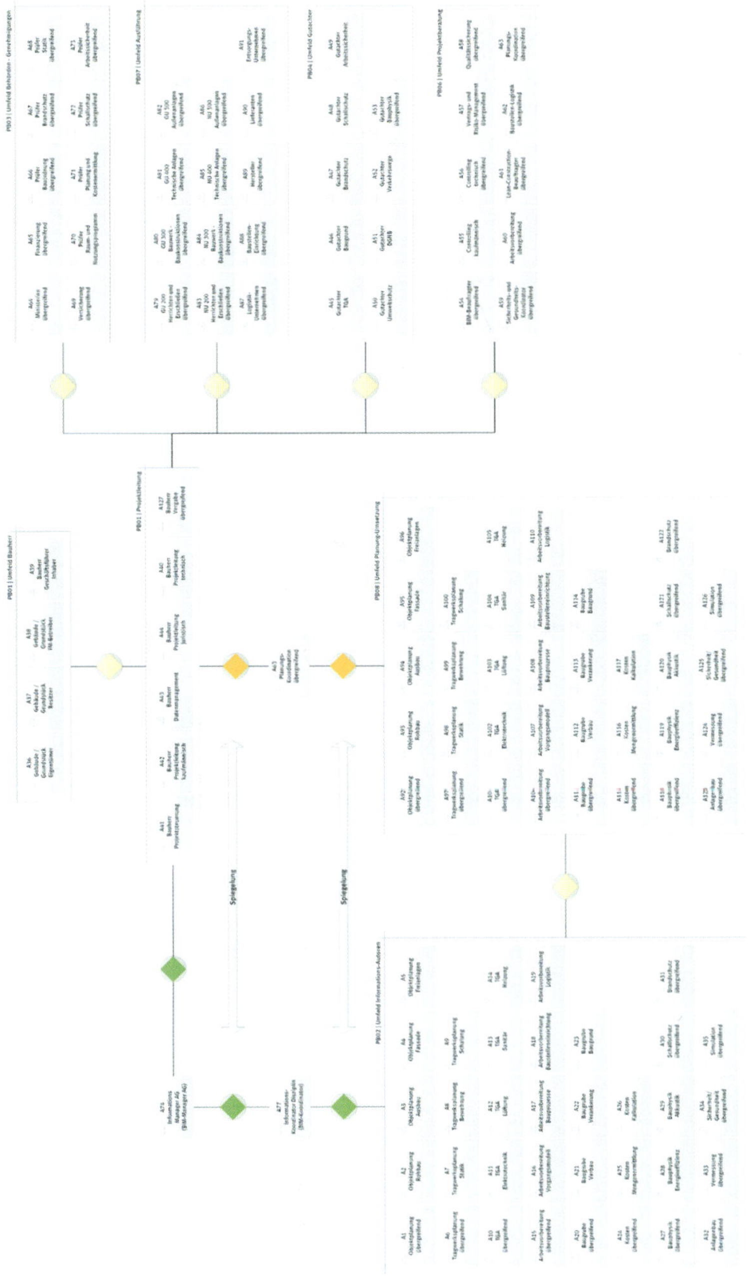

Abbildung 19: Beispiel eines Interaktionsdiagramms auf Projektebene

Ein Blick auf die Interaktionen im Rahmen des Informationsmanagements zeigt, dass es zwischen den im Wertschöpfungsprozess der Informations-Lieferung zahlreiche Interaktionen zu beachten gibt, wie die nachfolgende Abbildung deutlich macht.

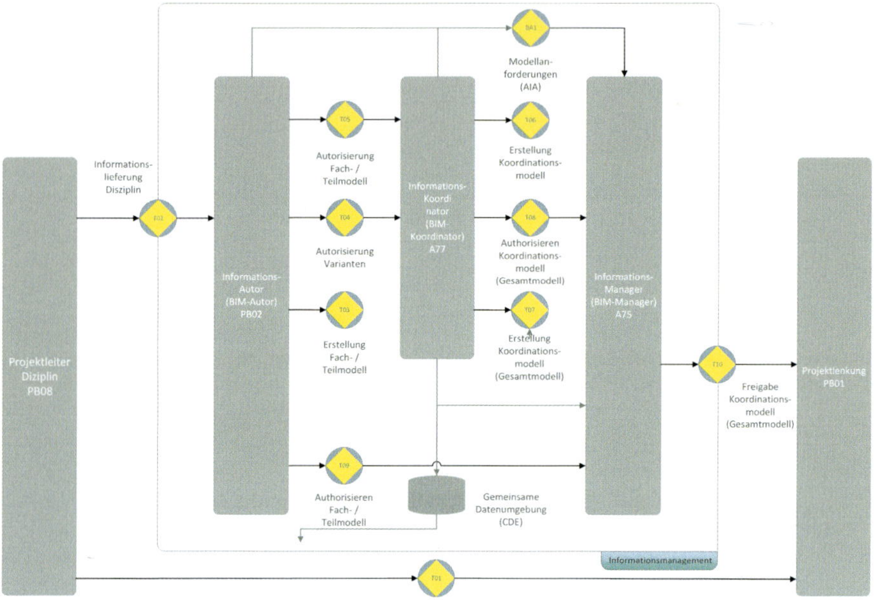

Abbildung 20: Beispiel der Interaktionen im Rahmen des Informations-Management

Im Rahmen dieser Interaktion kommt es zu Transaktionen. Dabei handelt es sich um die Kommunikation zwischen den Rollen im Rahmen einer Interaktion. Sowohl für die Interaktion als auch die Transaktion werden entsprechende Diagramme erstellt.

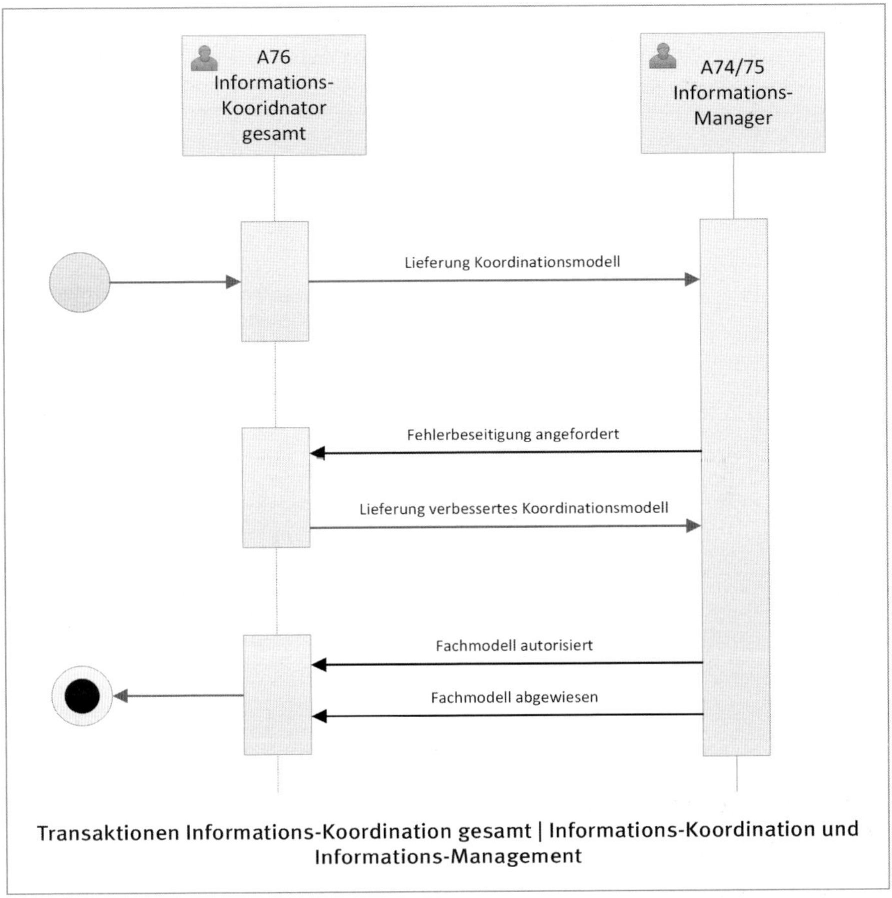

Abbildung 21: Beispiel eines Transaktionsdiagramms im Informations-Management

Was wir derzeit viel zu selten tun, aber tun sollten

Gerade in den frühen Phasen eines Bauprojektes lässt sich der Bauprozess in einem hohen Maß beeinflussen. Insbesondere gilt es, die Planung vor der eigentlichen Ausführung zu optimieren. Dazu ist neben dem klar definierten Bau-Soll eine verbesserte Kommunikation sowie die Fokussierung auf Problemstellungen und das Erarbeiten von Lösungen erforderlich.

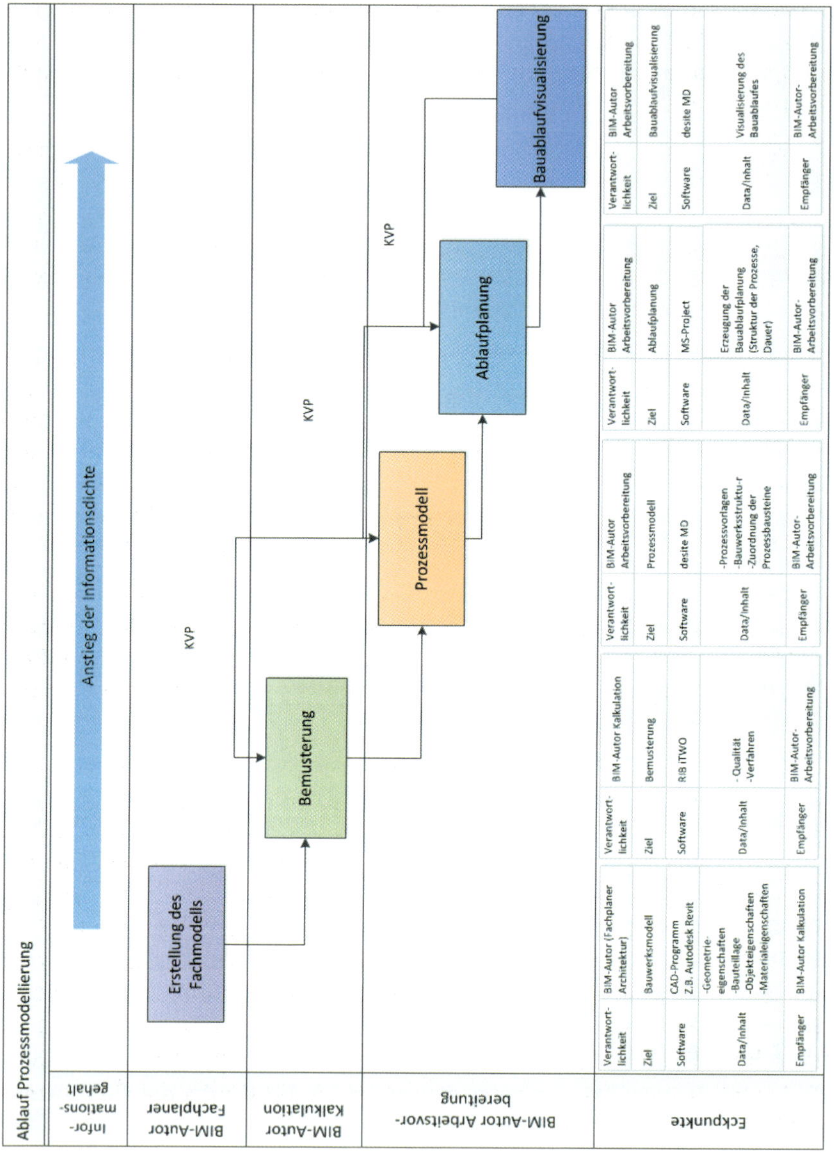

Abbildung 22: Mögliche Prozessbauablaufmodellierung am Modell[21]

21 Haubold, Laura, Bachelorarbeit 06.2016, Seite 28.

Durch Planungsänderungen oder Störungen im Bauablauf müssen die Ausführungsprozesse durchgängig aktualisiert werden. Ein umfangreiches Fach- und Erfahrungswissen ist für die Definition und optimierte Aufstellung von Bauprozessen erforderlich.

Das Fachwissen über definierte Bauprozesse ist derzeit verteilt auf diverse Fachplaner und Mitarbeiter der ausführenden Unternehmen. Darüber hinaus ist innerhalb eines Unternehmens keineswegs gewährleistet, dass vorhandenes Wissen zentral vorliegt. Vielmehr ist dieses implizite Wissen immer auf mehrere Mitarbeiter des Unternehmens verteilt und kann als „Spezialisten-Wissen" nur begrenzt von diesen genutzt werden.

Damit eine Gesamtprozessplanung über die Grenzen der jeweiligen Unternehmen hinweg festgelegt werden kann, muss „lokales" Fachwissen global im Projekt zur Verfügung stehen, um dann geteilt und eingesetzt zu werden. Nur so lässt sich auch gewährleisten, dass das vorhandene Fachwissen auch im Rahmen eines übergeordneten Prozessmanagements zum Einsatz kommt. Die Erfahrung zeigt jedoch, dass das Bauwesen in Deutschland bisher viel zu wenig in digitale Prozesse und deren Prozessmodellierung investiert.

Dabei ist die Qualität der Prozesse ausschlaggebend und birgt das Potenzial, eine deutliche Steigerung der Produktivität im Bauwesen herbeizuführen. Generieren lässt sich dieses Potenzial durch den Einsatz standardisierter Prozesse in der Planung als auch Ausführung. Wie sich dies auswirkt, ist in anderen Industriezweigen deutlich zu beobachten.

Dass sich stationäre und mobile Produktion unterscheiden, wurde bereits in Tabelle 1 auf Seite 26 aufgezeigt. Doch sind auch die Prozesse jedes Mal unterschiedlich, nur, weil wir im Gegensatz zur stationären Industrie, vermeintlich Unikate bauen? Nein, vielmehr lassen sich die immer wieder verwendeten Prozesse standardisieren und replizieren. Dabei begrenzt sich die Anwendung einer derartigen Herangehensweise nicht nur auf die eigentliche Produktion. Vielmehr haben in einigen Teilbereichen des Bauwesens diese standardisierten Prozesse bereits Einzug gehalten und werden so beispielsweise in der Bearbeitung von Ausschreibungen, Planungen und auch der Ausführung verwendet. Es ist inzwischen in einigen Unternehmen bereits Teil des Tagesgeschäftes, dass Prozesse über Anbieter wie Salesforce oder geeignete Projektplattformen abgebildet und auch eingesetzt werden.

Erfreulich ist, dass es inzwischen durch die zunehmende Verbreitung von BIM und Lean Construction immer mehr Baubeteiligte gibt, die von digitalen Prozessen sprechen, von einer flächendeckenden Verbreitung dieser Herangehensweise kann jedoch noch nicht gesprochen werden. Doch es gilt, genau diese „Inseln des Prozessdenkens" zu verknüpfen und zu einem Ganzen zusammenzuführen. Die übergreifende Betrachtung, Verwaltung und Verwendung der eingesetzten Prozesse mit Hilfe digitaler Technologien ist greif- und inzwischen realisierbar. Durch die Ansätze aus BIM und Lean Construction lassen sich die Prozesse leichter definieren und schaffen so die dringend erforderliche Transparenz im Bauwesen.

Rückwärtsplanung

Grundsätzlich bietet es sich an, bei der Betrachtung und Anordnung von Prozessen mit einer Rückwärtsplanung, also vom Prozessziel auszugehen. Erst dann wird betrachtet, wie dieses Prozessziel zu erreichen ist. So erhält man dann die Voraussetzungen, die gegeben sein müssen, um das Prozessziel zu erreichen. Das heißt, der erforderliche Input kann klarer und präziser definiert werden. Ist erst einmal ein Prozess beispielsweise zur Erstellung einer Stützte prinzipiell beschrieben, kann er standardisiert und nachfolgend in anderen Projekten eingesetzt werden. Dies reduziert die Variabilität der Produkte und auch der Prozessschritte.

Werden die Informationen aus unterschiedlichen Informations-Layern zusammengeführt, beispielsweise aus Nachunternehmerdatenbanken, Herstellerdatenbanken und den eigenen ERP-Systemen der Planer und ausführenden Unternehmen, lassen sich die Prozesse in der Regel weiter optimieren.

Werden digitale Technologien mit hinzugezogen, können einzelne Prozessschritte bzw. Auslöser automatisiert werden. Hierbei gilt es jedoch zu beachten, dass es bis dorthin noch ein weiter Weg ist. Insbesondere sollte zumindest in der Anfangsphase einer solchen Automatisierung der Mensch manuell die Freigabe für Folgeprozesse erteilen.

Bei der Erstellung solcher Prozesse mit den darin enthaltenen Teilprozessen macht nachfolgende Herangehensweise aus meiner Sicht Sinn.

Diese Herangehensweise kann selbstverständlich modifiziert und an den betrachteten Output angepasst werden.

Am Modell kann eine solche Herangehensweise wie folgt aussehen:

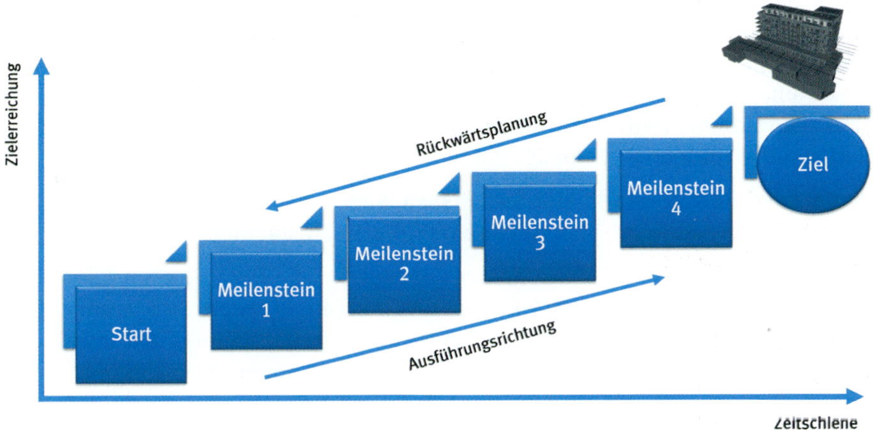

Abbildung 23: Rückwärtsgewandte Prozessmodellierung schematisch

Vorteil dieser Herangehensweise ist, dass der Gesamtprozess in kleine, überschaubare Teilprozesse zerlegt werden kann und sich damit transparenter gestaltet. Darüber hinaus reduziert sich das Risiko, dass Voraussetzungen zur Abarbeitung der Prozesse oder Hindernisse übersehen werden.

Im Modell lassen sich dann über zusätzliche Informationen die Teilprozesse untereinander verknüpfen. Unter Einsatz eines Dashboards werden dann Veränderungen der Abhängigkeiten, beispielsweise wenn eine Vorleistung in Verzug gerät, schneller sichtbar und lassen frühzeitig erkennen, ob eine Anpassung des Prozesses erforderlich wird.

Von Vorteil ist sicherlich, wenn diese so entstandenen Prozessmodelle in wöchentlichen Meetings abgesichert werden.

Werden diese Prozesse beispielsweise für Wände, Stützen etc. standardisiert, verschwinden überflüssige Arbeiten und Puffer, die bisher immer wieder in die Terminpläne mit eingebaut werden.

Regelbasierte Verknüpfung von Informationen

Daten und Informationen konsistent zu halten, ist eine der wichtigen Aufgaben beim Einsatz von digitalen Technologien. Was wie eine Selbstverständlichkeit erscheint, stellt sich in der Realität als Herausforderung dar. Insbesondere auch deswegen, weil ein durchgängiger Datenaustausch immer noch mit einem erheblichen Aufwand und Fachwissen der Informations-Koordinatoren verbunden ist.

Besonders gilt es, redundante Daten zu vermeiden bzw. auszuschließen. Im Sinne von Lean können sie durchaus auch als Verschwendung betrachtet werden. Nicht nur, weil mindestens doppelt so viel Datenmenge anfällt, sondern insbesondere, weil diese Redundanzen unweigerlich Klärungsbedarf verursachen. Denn nur wenn klar ist, welche Daten auch wirklich die „richtigen" sind, kann damit weiter gearbeitet werden, ohne dass es einer weiteren Prüfung auf die Eindeutigkeit dieser Daten bedarf.

Wenn Letzteres gewährleistet ist, lassen sich diese Daten regelbasiert mit anderen Informationen und gegebenenfalls auch geometrischen Elementen verknüpfen.

Durch die wöchentlichen BIM-Baubesprechungen ergeben sich exakte Aufwandswerte der „letzten Planer". Da diese vom BIM-Bauleiter direkt ins Modell eingepflegt oder aus anderen Informations-Layern abgegriffen werden, ergibt sich durch den wöchentlich einmaligen Aufwand eine Optimierung der Informationsschnittstelle von Soll- zu Ist-Werten des Bauprozesses.

Nur so lässt sich gewährleisten, dass die dort angesetzten Aufwände auch dicht an der Realität orientiert sind.

Zuweisung von produktionsrelevanten Informationen

Zunächst einmal ist es wichtig, dass das Projekt im Rahmen beispielsweise einer Gesamtprozessanalyse in von der Größenordnung her beherrschbare Prozessschritte aufgeteilt wird. Es verspricht wenig Aussicht auf Erfolg, wenn das große Ganze betrachtet wird.

So ist es zielführend, wenn in einem Wohnungsbauprojekt für jeden Prozessschritt ein Aufgaben- bzw. Arbeitspaket mit Arbeitsinhalten definiert wird, das in einem zuvor festgelegten Zeitraum abgearbeitet werden kann. Dazu ist es erforderlich, diese Pakete mit einer kurzen Erläuterung, der Dauer in Tagen, den Ort der Arbeiten, interne/externe Lieferanten/Kunden zu benennen. Daneben sind die erforderlichen Ressourcen zu benennen und zu quantifizieren.

Diese Herangehensweise ermöglicht einen hohen Grad der Standardisierung, der auch bei den Planern und Ausführenden zu einem Lerneffekt und damit über den Baufortschritt zu einer Beschleunigung der Abläufe führen kann. Diese Entwicklung ist sicherlich von der Zusammensetzung der Baubeteiligten sowie der Komplexität des Bauvorhabens sehr stark abhängig. Diese Synergieeffekte gilt es zukünftig zu nutzen, da sie wesentlichen Einfluss auf den Projekt- und Unternehmenserfolg haben werden.

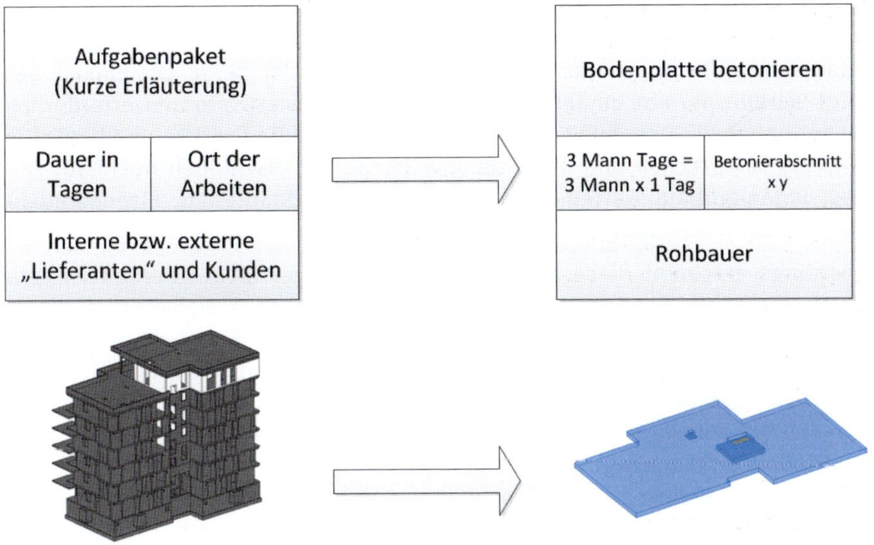

Abbildung 24: Beispiel Zuweisung produktionsrelevanter Informationen

Durch die wöchentlichen BIM-Planungs- und -Baubesprechungen ergeben sich exakte Aufwandswerte der „letzten Planer". Da diese vom BIM-Bauleiter direkt ins Modell eingepflegt werden, ergibt sich durch wöchentlich einmaligen Aufwand eine Optimierung der Informationsschnittstelle von Soll- zu Ist-Werten des Bauprozesses.

Voraussetzungen für BIM und Lean Construction

Unabhängig davon, welche der beiden Ansätze oder beide gemeinsam verfolgt werden, ist ein Umdenken hin zu einem Bauwerksprodukt erforderlich. Bisher haben wir uns damit begnügt, allgemein von Bauwerken und baulichen Anlagen zu sprechen und diese dann weiter in die Disziplinen Hochbau, Tiefbau, Ingenieurbau, Garten- und Landschaftsbau, Städtebau, Eisenbahnbau, Wasserbau, Geotechnik zu unterteilen.

Allerdings erscheint diese Betrachtung aus heutiger Sicht überholt zu sein. Durch den hohen Grad an Vorfertigung, der inzwischen in vielen der zuvor genannten Bereiche möglich ist, sollte besser der Begriff Bauwerksprodukt verwendet werden. Denn im Grunde ist das Bauwerksprodukt ein Bausatz (engl. Assembly) aus den unterschiedlichsten Bauprodukten, die mehr oder minder vorgefertigt auf die Baustelle gelangen, dort weiterverarbeitet und zum finalen Produkt zusammengesetzt werden. So ist auch Beton in diesem Kontext zu verstehen, wird dieser doch nur noch in den seltensten Fällen auf der Baustelle hergestellt.

Hinzu kommt, dass gerade im Bereich BIM von den zuvor schon erwähnten Auftraggeber-Informations-Anforderungen gesprochen wird. Um einem Missverständnis vorzubeugen, sei hier nochmals darauf hingewiesen, dass es sich dabei lediglich um die Anforderungen an die Informationslieferungen seitens der Auftragnehmer an den Auftraggeber handelt. Dabei ist dieser keineswegs mit dem Bauherrn gleichzusetzen. Auch ein Generalunternehmer (GU) kann gegenüber seinem Nachunternehmer (NU) AIA erstellen. Diese sollten mindestens mit denen des eigentlichen Bauherrn übereinstimmen, können diese aber um weitere Anforderungen übertreffen. Das wesentliche Merkmal dieser Herangehensweise bleibt, dass die angeforderten Informationslieferungen genau definiert sind. Vergleicht man dies mit den üblichen Herangehensweisen im Bereich Lean Construction, dann ist eben genau das eines der tragenden Elemente. Dabei spielt es keine Rolle, ab es sich dabei um die Methode Taktplanung oder vergleichbare handelt, sondern vielmehr ist hier entscheidend, dass die Informationslieferungen zuvor definiert wurden und in einer standardisierten Form übermittelt werden. Wie bereits zuvor beschrieben, ist es daher in beiden Ansätzen wichtig, die Rollen, Interaktionen und Transaktionen innerhalb des Projektes zu kennen.

Unabhängig davon ist zu betrachten, dass der Bauherr sein Bau-Soll in Abstimmung mit den Planern und den ausführenden Unternehmen definieren muss. In Analogie mit den AIA kann es, auch um ein besseres Gesamtverständnis bei den Projektbeteiligten und Mitarbeitern zu erlangen, zielführend sein, von den

Auftraggeber-Produkt-Anforderungen (APA) zu sprechen. Dies ist im Kontext zu sehen mit einem Bauwerksprodukt, Bauprodukten und einer Produktion.

Das Etablieren der entsprechenden Begrifflichkeiten wird das Umdenken bei den Projektbeteiligten fördern.

Bei genauer Betrachtung der beiden Ansätze ist weiterhin festzustellen, dass sowohl die Implementierung als auch die Umsetzung von BIM und Lean Construction sehr ähnliche bis identische Anforderungen an Unternehmen und Projektbeteiligte stellen. Dies spiegelt sich ebenfalls in den Potenzialen wider, die im Kapitel Potenziale von BIM und Lean Construction angeführt werden.

Wer sich intensiv mit den beiden Methodiken auseinandersetzt, wird sehr schnell feststellen, dass die beiden nachfolgend beschriebenen Voraussetzungen, die es zu schaffen gilt, eine besondere Bedeutung haben:

Transparenz

Die Herstellung eines Bauwerksprodukts ist ein komplexes Gefüge und Zusammenwirken von Materialien, Menschen, Technologie(-einsatz) und Prozessen. Dabei sind immer komplexer werdende Richtlinien/Vorschriften zu berücksichtigen.

Abbildung 25: Bauwerks-Satelliten

Um derart komplexe Zusammenhänge sinnvoll umsetzen und strukturieren zu können, ist eine vollständige Transparenz der vorgenannten Kriterien erforderlich. Dies erfordert zur Klarstellung des zu liefernden Bau-Solls und der Konformität der gelieferten Informationen mit den AIA, Transparenz herzustellen. Dies dient auch dem besseren Verständnis der gesamten Abläufe bei der Ausführung und um Lean Construction effizient zum Einsatz bringen zu können. Denn Lean Construction baut im Wesentlichen darauf auf, dass die anstehenden Aufgaben nicht nur qualitativ, sondern auch quantitativ vollständig den Projektbeteiligten bekannt sind.

Wachsender Konkurrenzdruck erfordert geradezu die Umstellung auf flexiblere Fertigungsabläufe unter Einsatz der richtigen Methoden und Technologie. Nur dann kann angemessen auf die komplexen Anforderungen, die heutzutage an ein Bauwerk gestellt werden, reagiert werden.

So kann zum Beispiel Transparenz durch die Kombination von Sensoren mit automatischen Datenerfassungssystemen fortlaufend Leistungsdaten für Fertigungsabschnitte liefern. Sinnvollerweise sind diese Datenerfassungssysteme mit dem Bauwerks-Information-Modell verknüpft und bilden damit eine wesentliche Basis für die Umsetzung von Lean Construction.

Flaschenhälse in der Fertigung lassen sich so von der Materiallieferung bis zur Abnahme schnell entdecken. Angesichts neuer technologischer Entwicklungen bleibt das Handlungsfeld spannend: Schon bald könnten mit Augmented Reality-Werkzeugen den Mitarbeitern in der Fertigung weitere Prozessbeschleuniger zur Verfügung stehen.

Kollaboration

Eine Kollaboration (lateinisch con- ‚mit-', laborare ‚arbeiten') ist die Mitarbeit bzw. Zusammenarbeit mehrerer Personen oder Gruppen von Personen.

Soweit die Definition. Doch reicht dies aus, um eine erfolgreiche Kollaboration zu etablieren? Wohl kaum.

Für den Begriff Kollaboration gibt es, sprachlich betrachtet, zwei Deutungen, die diametral voneinander abweichen. Im negativen Sinne wird unter einer Kollaboration eine Zusammenarbeit mit dem Kriegsgegner gegen die Interessen des eigenen Landes durch den Kollaborateur zum Vorteil des Kriegsgegners verstanden. Dabei wird oftmals aber der Standpunkt des Kollaborateurs außer Acht gelassen: Denn in seinem Sinne handelt er durchaus zum Wohle und Vorteil seines Landes.

Positiv besetzt, wird von Kollaboration gesprochen, wenn es sich nicht nur um eine reine Zusammenarbeit handelt, sondern diese vielmehr durch Vertrauen und einen respektvollen Umgang miteinander auf Augenhöhe geprägt ist. Aspekte, die sowohl bei BIM als auch Lean Construction von entscheidender Bedeutung sind. Denn nur wenn sich die Projektbeteiligten vertrauen und in einem Umfeld arbeiten können, das vordergründig nicht immer einen Schuldigen sucht, wenn ein Fehler passiert, sondern vielmehr an der Lösung des daraus resultierenden Problems arbeiten, zeigt sich die Effektivität dieses Ansatzes.

Hinzu kommt, dass die anstehenden Aufgaben und Arbeiten nicht explizit zwischen den Parteien aufgeteilt sind. Diese werden gemeinschaftlich erledigt und die Verantwortung wird gemeinsam getragen.

Dabei sind die Kollaborateure gleichberechtigt und verfügen idealerweise über die Fähigkeit, dieselben Aktivitäten auszuführen. Abgerundet wird die Kollaboration dann, wenn zusätzlich auch noch ein gemeinsames Verständnis von Werten und eine vergleichbare Unternehmenskultur vorliegen. Die Beziehung zwischen den Parteien muss auf einer gemeinsamen Kultur und gemeinsamen Werten aufgebaut werden.

Weiterhin zeichnet sich die Kollaboration dadurch aus, dass gemeinsame Prozesse und Verantwortlichkeiten vereinbart und umgesetzt werden. Dabei unterstützen sich die Kollaborateure. Diese Deutung der Kollaboration ist vor allem auch im englischsprachigen Raum üblich.

Im Rahmen einer Kollaboration ist es sinnvoll, dass gemeinsame Kommunikations- und IT-Systeme genutzt werden. Auch ein „Big Room“, wie er vergleichbar bei Lean Construction zum Einsatz kommt, erscheint durchaus sinnvoll. Basis hierfür ist die vorgenannte Transparenz, die einen vollumfänglichen Zugriff auf alle verfügbaren Informationen gewährleistet.

Es hat sich als zweckmäßig herausgestellt, dass die Projektbeteiligten unter Begriffen wie Vertrauen und Respekt dasselbe verstehen. Gerade dem Begriff Respekt kommt hier eine entscheidende Bedeutung zu. Oft wird dieser synonym für andere Begriffe wie Wertschätzung oder Anerkennung verwendet. In dem hier beschrieben Kontext meint er aber den Umgang auf Augenhöhe.

Kollaboration oder Kooperation

Der maßgebliche Unterschied zwischen Kollaboration und Kooperation besteht in der „Verschmelzung der Verantwortlichkeiten und der Ziele" der beiden Parteien bei Kollaboration. In einer Kooperation werden die zu liefernden Arbeitspakete und Leistungsbeiträge der Parteien gesondert betrachtet.

Die Tiefe des Informations- und Wissensaustausches muss bei Kollaboration zwangsläufig ausgeprägter sein, damit die gemeinsamen Verantwortlichkeiten und Ziele erreicht werden können (siehe oben).

Nachfolgende Beispiele sollen den Unterschied zwischen Kollaboration und Kooperation aufzeigen.

BEISPIEL

Kooperation

Der Architekt erstellt den Entwurf eines Bauwerksproduktes. Das ausführende Bauunternehmen hat nachfolgend die Möglichkeit der Optimierung des Entwurfs. Nachfolgend werden diese Optimierungen dann vom Architekten in seinen Entwurf übernommen.

Kollaboration

Architekt und ausführendes Bauunternehmen entwerfen in einem zuvor definierten, gemeinsamen Prozess das Bauwerksprodukt durch mehrere interaktive Iterationsschritte und führen so gemeinsam und verantwortlich die Optimierung des Entwurfes durch.

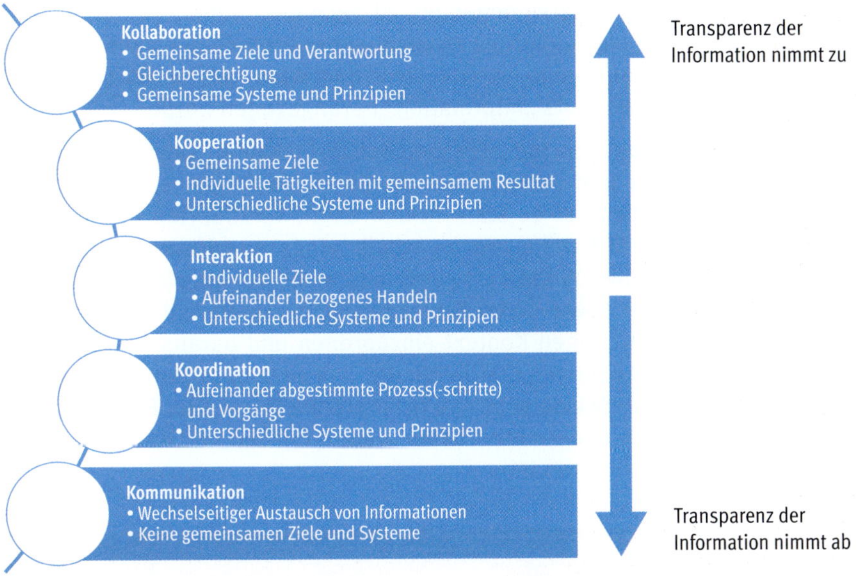

Abbildung 26: Von Kollaboration bis Kommunikation – Formen der Zusammenarbeit[22]

Kompetenz, Empathie und Wissen

Diese Art der Informationsgewinnung, -bereitstellung und -verwendung befördert die erfolgreiche Projektabwicklung. Dabei stehen die drei Komponenten der Projektabwicklung durch Menschen im Fokus: Wissen, Empathie und Kompetenz.

Das Wissen teilt sich dabei in explizites und implizites Wissen auf.

Als explizit kann Wissen verstanden werden, das sich dokumentieren und standardisieren lässt. Gleichzeitig ist es formulier- und reproduzierbar. Es kann durch eine formale, systematische Sprache, wie etwa Wörter und Zahlen, vermittelt werden. Es kann in seiner Anwendung logisch nachvollzogen und beschrieben werden und stellt deshalb spezifisches oder methodisches Wissen dar. Dabei wird dieses idealerweise in Wissensmanagementsystemen vorgehalten. Ein solches Wissensmanagementsystem stellt beispielsweise eine gemeinsame Datenumgebung dar, wie sie im BIM vorkommt. In Lean Construction ist beispielsweise die Taktsteuerungstafel als ein solches System zu betrachten.

22 Eigene Darstellung in Anlehnung an Both 2006, S. 37.

Eine solche gemeinsame Datenumgebung ist auch unternehmensübergreifend denkbar und auch für die zukünftige Ausrichtung essentiell. Sie stellt eben das zuvor genannte Wissensmanagementsystem dar, dass für die adäquate Verwendung des Wirtschaftsguts „Information“ herangezogen werden soll.

Implizites Wissen hingegen hat eine persönliche Qualität, durch die es nur schwer formalisierbar und vermittelbar ist. Es ist verborgenes, nicht artikulierbares Wissen. Zudem ist es stark in den damit verknüpften Handlungen, Verpflichtungen und Mitwirkungen innerhalb eines spezifischen Kontextes begründet. Als Implizites Wissen ist somit das nicht frei abrufbare Expertenwissen der Mitarbeiter sowie deren Fähigkeit, Sachverhalte kritisch zu hinterfragen, diese in den richtigen Kontext einzuordnen und daraus Rückschlüsse zu ziehen. So werden Lösungen erarbeitet, die sich nicht über explizites Wissen abbilden lassen. Idealerweise wird das existierende Wissen im Rahmen eines Wissensaustauschs an andere Mitarbeiter weitergegeben und sofern möglich in explizites Wissen umgewandelt.

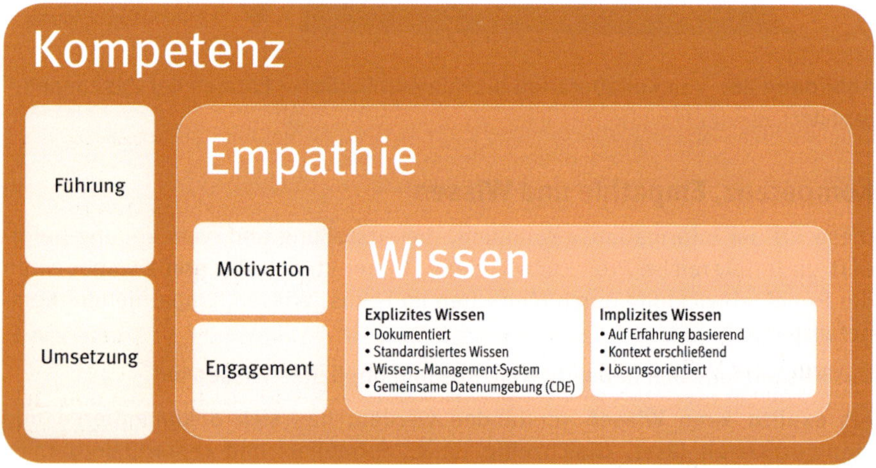

Abbildung 27: Erfolgsfaktoren der Kollaboration

Empathie ist im Wesentlichen gekennzeichnet durch Motivation und Engagement der Baubeteiligten. Sie ist ausschlaggebend dafür, dass die Handelnden überwiegend intrinsisch motiviert sind, also aus einer inneren Überzeugung heraus. Das hohe Maß der Identifikation mit dem Bauprojekt und der damit einhergehenden Aufgabe ist maßgebend.

Potenziale von BIM und Lean Construction

Bevor der Blick in Richtung der Synergien gerichtet wird, sollten zunächst einmal die Potenziale der beiden Ansätze an sich betrachtet werden:

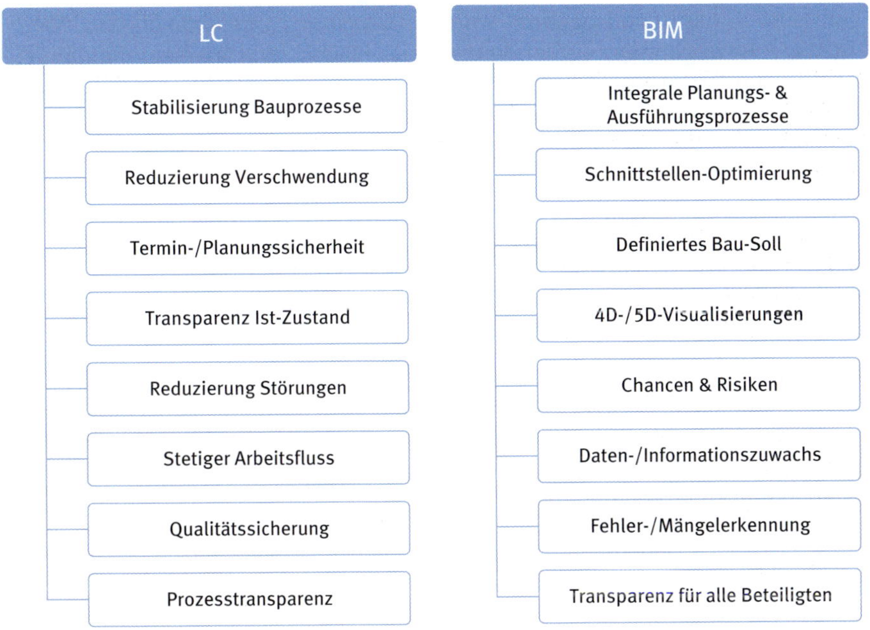

Abbildung 28: Lean Construction und BIM-Potenziale beispielhaft

Dabei handelt es sich um eine beispielhafte Zusammenstellung, die keinen Anspruch auf Vollständigkeit erhebt. Insbesondere bezogen auf den gesamten Lebenszyklus lassen sich derzeit noch nicht abschließend alle Potenziale aufzeigen. Es liegt aber auf der Hand, dass insbesondere in Bezug auf BIM weitere Potenziale entstehen dürften.

Sie sehen hier nur einen Auszug von Potenzialen, die in der jeweiligen Arbeitsmethode vorkommen. Nehmen wir zum Beispiel das Wertepaar Reduzierung Verschwendung auf der einen und Schnittstellenoptimierung auf der anderen Seite.

Schon hier sehen Sie, dass LC und BIM sehr ähnliche Ziele verfolgen:

BEISPIEL

Jeder von Ihnen kennt die 8 Verschwendungsarten, die im Zusammenhang mit Lean Construction benannt werden (Transport, Überkapazitäten, überflüssige Bewegungen, Fehler/Nacharbeit, Fläche, Wartezeiten, Bestände, Mitarbeiter Fachwissen). Alle diese Verschwendungsarten haben im umgekehrten Sinne das Potenzial zur Effektivitäts- und Effizienzsteigerung.

Auch die bisherige Schnittstellenhandhabung bei der Umsetzung von Bauprojekten ist als eine Verschwendung anzusehen. Mittels BIM wird eine Optimierung der Schnittstellen stattfinden, da kollaborativ zusammengearbeitet wird und die vorliegenden Informationen geteilt werden. Dadurch wird ein gemeinsames, nachhaltiges Verständnis erzeugt.

Lassen Sie mich noch deutlich herausstellen, dass es sich bei Lean Construction und BIM um zwei völlig voneinander unabhängige Methodiken handelt, die auch als gleichberechtigt zu betrachten sind. Denn Projekte, die entweder nach Lean Construction oder BIM abgewickelt werden, gibt es in der Realität mehr als genug. Auch in der deutschen Baurealität.

Warum BIM und Lean Construction zusammenführen?

Building Information Modeling und Lean Construction existieren als voneinander unabhängige und gleichberechtigte Ansätze schon seit einem Jahrzehnt oder mehr. Beide Ansätze sind aus akademischen Studien hervorgegangen und verlagern sich zunehmend in Richtung der operativen Anwendung. Dabei wurden die Ansätze durch separate „Anhängerschaften" gefördert und unterstützt, die in unterschiedlichen Netzwerken organisiert waren und bis heute auch noch sind. Damit einher geht oftmals ein Konkurrenzdenken, das wenig angebracht ist.

Wie lassen sich die fünf Lean-Prinzipien

- den Wert aus Sicht des Kunden definieren,
- den Wertstrom identifizieren,
- das Fluss-Prinzip umsetzen,
- das Pull-Prinzip einführen,
- Perfektion anstreben,

mit BIM in Einklang bringen?

Mit Hilfe des Datenreichtums eines Bauwerks-Informations-Modells, also den zur Verfügung stehenden Informationen, kann der Kunde bestmöglich bei der Entscheidungsfindung unterstützt werden. Ein Lean-Prinzip verfolgt vorrangig die Kundenzufriedenheit und die Steigerung der Wertschöpfung. Wird BIM von Anfang an auf den gesamten Lebenszyklus bezogen, können Themen wie das Facility-Management bereits in der Planungsphase berücksichtigt werden. Dadurch können Prognosen über spätere Nutzungs- und Instandhaltungskosten erstellt werden. Allerdings ist an dieser Stelle durchaus anzumerken, dass dies eine eher idealistische Betrachtungsweise ist, da bei Hochbauten beispielsweise der Nutzer oftmals in der Entwicklungsphase des Projektes noch gar nicht feststeht. Doch auch unter Berücksichtigung dessen, weiß der Kunde durch vertragliche Fixierungen von Rollen, Aufgaben und Verantwortlichkeiten frühzeitig, welche Aufgaben seinerseits erfüllt werden müssen, um einen erfolgreichen Projektablauf zu gewährleisten. In dem vorgenannten Fall ist dann der Nutzer ebenfalls mit einzubeziehen, sofern er dann bekannt ist.

Da der Kunde jederzeit Zugriff auf das Bauwerks-Informations-Modell hat, bietet sich ihm die Möglichkeit, immer den aktuellen Stand der Planung auszulesen. Gleichzeitig stellen die mehrdimensionale Betrachtung und die große Informationsdichte eine verbesserte Kommunikationsgrundlage sicher. Durch das Anreichern des Bauwerks-Informations-Modells mit alphanumerischen Informationen, wie zum Beispiel die Implementierung der Kosten in Verbindung mit einer automatisierten Mengenermittlung, lassen sich schnell und effizient Analysen von Planungsalternativen durchführen. So können dem Kunden und/ oder Nutzer frühzeitig Alternativen in Verbindung mit daraus resultierenden Kosten und Terminen zur Entscheidungsfindung vorgelegt werden. Entscheidungen können in frühen Phasen weiterhin mit Hilfe von Visualisierungen und virtuellen Rundgängen durch das Bauwerk stattfinden. Dies trägt dazu bei, dass der Kunde seine Vision des Bauwerks besser spezifizieren und Entscheidungen hinsichtlich der von ihm definierten Auftraggeber-Produkt-Anforderungen treffen kann. Die bereits heute zur Verfügung stehenden BIM-Anwendungen, unterstützen dieses Lean-Prinzip optimal. BIM kann einen großen Teil zu einer schnellen und sicheren Definition bzw. Anpassung der APA beitragen und so die Kundenzufriedenheit mit seinem fertigen Produkt steigern.

Ein weiteres Lean-Prinzip fokussiert die Identifikation des Wertstroms. Durch die Informationstiefe des Bauwerks-Informations-Modells stehen alle Informationen, die für die Analyse des Wertstroms benötigt werden, in alphanumerischer oder grafischer Form zur Verfügung. Zusätzlich wird der gesamte Lebenszyklus betrachtet, so dass durch eine Kombination der beiden Ansätze alle Prozesse aufgezeigt werden können. Jedoch können die Informationen des Bauwerks-Informations-Modells lediglich ausgelesen werden. Ziel könnte es daher sein, das Abbild durch die Entwicklung eines neuen Tools zu erweitern, so dass eine automatisierte Wertstromanalyse durchgeführt werden kann. Eine Interaktion ist somit vorhanden. Automatisierung könnte an dieser Stelle zu weiteren Vorteilen führen.

Das Fluss-Prinzip ist ein weiteres Lean-Prinzip und soll einen kontinuierlichen Arbeits- und Informationsfluss sicherstellen. Ziel ist es, die Aktivitäten, beispielsweise Betonieren, und die Ressourcen, beispielsweise Personen, Baustoffe, in eine unterbrechungsarme Reihenfolge zu bringen und so die Wertschöpfung weiter zu optimieren. Durch eine vorgezogene Entscheidungsfindung auf Basis der im Modell enthaltenen Informationen ergibt sich eine frühe Planungssicherheit. Darauf aufbauend können mit Simulationen unter Einbeziehung der Zeitintegration die Logistik, die Baustelleneinrichtung und der Bauablauf effizienter gestaltet und somit optimal geplant werden. Unter Verwendung einer detaillierten Montagesimulation können mit derselben Technik die Ausbaugewerke in einen unterbrechungs- und kollisionsfreien Arbeitsfluss gebracht werden. Die verbesserte Kommunikation, die durch einen einfacheren Informationsaustausch ermöglicht wird, stellt zudem den Informationsfluss sicher. Darüber hinaus können dank des gemeinsamen Planens alle relevanten Informationen dem Modell entnommen und während der Planung und Ausführung an das Modell angefügt werden. Die Funktionen des

Bauwerks-Informations-Modells bilden mit Simulationen und Informationen eine wesentliche Unterstützung zur Umsetzung des Fluss-Prinzips vor allem auch in der Planung.

Das Pull-Prinzip erfordert ein Umdenken vor allem in Bezug auf den Kunden. Denn dieses Prinzip definiert dem Grunde nach, dass das Produkt aus Sicht des Kunden durch die Produktion gezogen wird, anstatt es durch Planungsvorgaben durch die Produktion zu drücken (Push-Prinzip). Dabei ist als Kunde auch das nachfolgende Gewerk oder der von der Vorleistung abhängige Planer gemeint. Entscheidend ist dabei, dass eine Produktion immer auf den Bedarf des Kunden abgestimmt ist und die Produktion so angefangen wird, dass der Kunde die Vorleistung erhält, wenn er sie auch wirklich benötigt. Beispielsweise kann die modellbasierte Mengenermittlung im Bauwerks-Informations-Modell schnell und präzise ermitteln. Ergänzend haben durchgeführte Planungsänderungen automatische Anpassungen der Mengen zur Folge. In Verbindung mit Logistikkonzepten und Ablaufsimulationen können so genauere Materialbestellungen gewährleistet werden, so dass die Umsetzungen des Pull- und Just-in-Time-Prinzips optimiert werden. So werden Überproduktion und die Überlastung von Projektbeteiligten vermieden. Im Kapitel „JIT und Pull“ wird näher hierauf eingegangen.

Das zuletzt genannte Lean-Prinzip lautet „Perfektion“. Ziel ist es, Fehler zu eliminieren und die fortlaufende Prüfung und Verbesserung aller Prozesse durchzuführen. Durch eine regelmäßige und disziplinierte Wiederholung der eingesetzten Methoden sollen fortlaufend Verbesserungspotenziale identifiziert werden. Die Wertschöpfung wird kontinuierlich erhöht und damit werden im Umkehrschluss Verschwendungen zunehmend reduziert Dazu gehört es auch, Prozesse sowie Kundenwünsche wiederkehrend zu überprüfen und gegebenenfalls anzupassen (siehe oben). Die Daten des Bauwerks-Informations-Modells können für die Optimierung der Prozesse und Kundenwünsche herangezogen werden. Die gewonnenen Daten können analysiert werden, um die Konformität der Planung mit den APA sicherzustellen. Weiterhin lassen sich beispielsweise nach dem Abschluss von Meilensteinen oder des Gesamtprojekts durch die Prüfung der Daten mit Bezug auf die AIA Fehler vermeiden und deutlich reduzieren. Darüber hinaus kann durch die erhöhte Transparenz und die Verkürzung der Kommunikationswege der Informationsaustausch mit dem Kunden optimiert werden, so dass Änderungswünsche in Beug auf das fertige Produkt verlustfrei in das Modell übernommen und dann real ausgeführt werden können. Da die Ziele von Lean und BIM wie zuvor beschrieben identisch sind oder sich zumindest ergänzen, trägt BIM dazu bei, das Lean-Prinzip der Perfektion anzustreben.

Die Kombination von Lean Construction und BIM ist keine Einbahnstraße. Lean-Grundsätze konsequent angewandt, erleichtern die Einführung von BIM. Lean Construction zeichnet sich durch die Vorhersagbarkeit, Disziplin und Zusammenarbeit aus. Dies sind Merkmale, die die Einführung und Implementierung von BIM-basierten Technologien unterstützen. Mit der Schaffung eines kollaborativen Umfelds kann eine schlanke Implementierung von BIM erreicht werden.

Verknüpfungen zwischen BIM und Lean Construction

Die Verknüpfungen zwischen BIM und Lean Construction haben elementare Auswirkungen auf das Bau-Projektmanagement und das Management in den Unternehmen selbst. Die schrittweise Vorbereitung des Bauwerks-Informations-Modells sollte sorgfältig, umfassend und systematisch erfolgen, um die positiven Effekte vollumfänglich zu realisieren.

Unter Berücksichtigung von Vorgenanntem ist eine parallele Implementierung von Lean Construction und BIM anzustreben. Dabei ist dann zu hinterfragen, wie Lean Construction-Prozesse am besten durch BIM-Anwendungen unterstützt werden.

Darüber hinaus erscheint es sinnvoll, auch andere Bereiche des Unternehmens auf den Prüfstand zu stellen und auch hier Lean-Prinzipien anzuwenden. Lean ist nicht nur auf die Planung oder Ausführung beschränkt, sondern kann sich beispielsweise auf den Einkauf oder die Administration eines Unternehmens erstrecken.

Der Einsatz von BIM zur Unterstützung der Lean Construction-Ziele hat sich in der Ausführung in Teilbereichen bereits als sinnvoll erwiesen. Die zunehmende Integration von multidimensionalen Bauwerks-Informations-Modellen unter Einbindung existierender Informationssysteme, wie beispielsweise Herstellerdatenbanken, ERP und öffentlichen Datenbanken vergrößern die Anwendungsmöglichkeiten solcher Modelle imminent. Hinzu kommen neue digitale Technologien wie Virtual Reality, Rapid Laser Scanning und Point Cloud-Generierung mit bisher ungenutzten Potenzialen.

Durch den Einsatz von Augmented reality haben die Ausführenden die Möglichkeit, ihre eigene Leistung direkt mit dem Modell zu überlagern und die Richtigkeit der Ausführung zu überprüfen. Erfolgreiche Tests hierzu gab es bereits 2011 und die derzeitige technologische Entwicklung lässt darauf hoffen, dass die Vorgehensweise alsbald Standard im Bereich der Bauleitung ist.

Virtuelle Bauwerks-Informations-Modelle können dann auch für Trainings entweder der ausführenden Mitarbeiter oder aber auch der späteren Nutzer genutzt werden. Auch dies folgt dem Lean-Gedanken, Fehler zu vermeiden und die Verschwendung zu reduzieren. Denn auf diesem Wege lässt sich schnell erkennen, ob eine gewählte Variante kompatibel zu den eigentlichen Zielen und damit den APA ist.

Abbildung 29: Zusammenwirken von BIM und Lean Construction

BIM und Lean Construction passen von Haus aus gut mit dem Facility Management (FM) zusammen. So können anhand der Modelle die Lebenszykluskosten der gesamten Liegenschaft, aber auch einzelner Bereiche, beispielsweise vermieteter Flächen überwacht und analysiert werden. Hinzu kommt, dass sich im Bedarfsfall zu wartende Anlagen oder Elemente anhand des Modells leichter lokalisieren lassen. So kann der Facilitymanager schon am Modell erkennen, welches Werkzeug oder Material zur Wartung bzw. Instandsetzung erforderlich ist. So werden die Verschwendung vermieden und die nicht-wertschöpfenden Aufgaben reduziert. Damit das funktioniert, ist allerdings bereits früh in der Planungsphase festzulegen, welche Auftraggeber-Informations-Anforderungen seitens des FM gestellt werden. Die traditionellen Übergabepraktiken von der Planung bis hin zur Betriebs-/FM-Phase sind unter dem Aspekt BIM und Lean Construction neu zu betrachten und zu definieren.

Unternehmen, die Lean Construction und BIM implementieren bzw. bereits implementiert haben, werden eine erhebliche Verringerung der Produkt-, Produktions- und Produktionszyklusvariabilität bzw. eine Verringerung der Durchlaufzeiten feststellen.

Barrieren und Hindernisse

Bei der Umsetzung von BIM und Lean Construction ergeben sich auch Hindernisse und Barrieren, die es zu überwinden gilt. Dabei sind folgende Hindernisse zu benennen, die gleichermaßen für beide Ansätze zum Tragen kommen können und derzeit auch noch real existieren:

- Unzureichende Übereinstimmung der Leistungsbilder mit den Leistungsphasen der HOAI, über
- den ohnehin schon existierenden Mangel an Fachkräften auf dem Arbeitsmarkt kommt noch ein Mangel an qualifizierten Projektbeteiligten mit Kompetenzen in den beiden Ansätzen,
- kostenintensive Fortbildungsmaßnahmen,
- fehlende Standardisierung der Ansätze und damit reduzierte Wirksamkeit der Ansätze,
- mangelnde Akzeptanz für beide Ansätze,
- unzureichende Vertragsformen und/oder rechtliche Rahmenbedingungen.

Insbesondere die mangelnde Standardisierung bei beiden Ansätzen macht es oftmals schwer, die unterschiedlichen Interpretationen der Ansätze innerhalb eines Projektes in Einklang zu bringen. Verschärft wird dies oftmals noch, wenn beide Ansätze innerhalb eines Projektes realisiert werden sollen.

Mit Bezug auf die Standardisierung ist jedoch anzumerken, dass insbesondere auf nationaler als auch internationaler Ebene große Anstrengungen unternommen werden, um entsprechende Normen und Richtlinien zu etablieren. So wurde bereits im Herbst 2017 mit der Veröffentlichung der VDI-Richtlinie 2553 „Lean Construction“ ein erster Schritt getan, um hier zukünftig die Zusammenarbeit zwischen den Projektbeteiligten zu erleichtern. Auch das GLCI (German Lean Construction Institute) verfasst eine entsprechende Schrift zu Begriffen und Methoden, die eine Vereinheitlichung der Umsetzung ermöglichen soll.

Die VDI-Richtlinien-Reihe 2552 befasst sich mit den Inhalten zu BIM und gibt hier umfassend Vorgaben vor, die eine Standardisierung des Ansatzes ermöglichen. Diese Richtlinien-Reihe wird gespiegelt zu der ISO 19650, die auf internationaler Ebene das Pendant darstellt.

Eine weitere Barriere stellt der Fachkräftemangel in diesem Bereich dar. Qualifizierte und kompetente Mitarbeiter zu finden, die die beiden Ansätze auch wissenstechnisch umsetzen können, ist schwierig. Hinzu kommt, dass Wissen alleine nicht ausreicht. Vielmehr müssen Projektbeteiligte, die gleichzeitig auch als Multiplikatoren fungieren sollen, nicht nur selbst überzeugt sein, sondern vielmehr auch andere mitnehmen und begeistern können. Insofern ist es schon bemerkenswert, dass es mit der VDI-Richtlinie 2552, Blatt 8 erstmals eine Standardisierung in diesem Bereich geben wird, die die Kompetenzen und die damit einhergehende Qualifikation zusammenfasst. Selbstverständlich muss in diesem Zusammenhang erwähnt werden, dass die Fort- und Weiterbildung der Mitarbeiter Zeit und finanzielle Mittel in Anspruch nimmt. Eine Kombination von Lean Construction und BIM muss allerdings zu keiner Erhöhung dieser Barriere führen. Wie bereits zuvor ausgeführt, gibt es bei beiden Ansätzen viele Gemeinsamkeiten. Bei der richtigen Kombination der Schulungsinhalte kann auch hier ein Synergieeffekt erreicht werden und sich zum Vorteil sowohl für die Mitarbeiter als auch die Unternehmen entwickeln.

Die mangelnde Akzeptanz lässt sich in der Regel nur durch sogenannte „quick-wins" überwinden. Wenn es gelingt, den Mitarbeitern sozusagen bereits in der Schulung oder Ausbildung am Projekt klar zu machen, welchen persönlichen Mehrwert sie in ihrer eigenen Arbeitswelt haben, wird die Akzeptanz sehr schnell zunehmen. Im Idealfall werden weitere Mitarbeiter oder Projektbeteiligte „mitgerissen". Maßgeblich ist hier, die richtigen Mitarbeiter zu identifizieren und so als Multiplikatoren zu etablieren. Hierzu wird auch im Kapitel „Was gibt es sonst noch zu beachten?" näher eingegangen.

Die Problematiken, die bezüglich der Vertragsformen oder der Vereinbarkeit mit den Leistungsphasen der HOAI und der VOB auftreten, verhalten sich hingegen komplementär, so dass diese Situation durch eine Kombination nicht verbessert oder verschlechtert wird.

Interaktionsmatrix

Bevor BIM und Lean Construction gemeinsam angewendet werden, sind die Interaktionen zwischen den beiden Ansätzen zu identifizieren und zum Beispiel in Form einer Interaktionsmatrix abzubilden.

Bereits 2009 stellten Rafael Sacks, Bhargav A. Dave, Lauri Koskela und Robert Owen in ihrer Abhandlung *„Analysis framework for the interaction between Lean Construction and building information modeling"* dar, welche Interaktionen es zwischen BIM und Lean Construction gibt.[23]

23 Sacks et al. Analysis Framework for the Interaction between LC and BIM, 2009.

Tabelle 2: Interaktionsmatrix in Anlehnung an Sacks

BIM / Lean Construction	Kollaboration in der Planung und Ausführung	Ableitung Pläne und Dokumente	Redundanzfreie und konsistente Datenbereitstellung	Wiederverwendung von Informationen und Daten	Erstellung von Entwurfsoptionen	Generierung und Auswertung von Ausführungsvarianten	Objektbasierte Kommunikation	Visualisierung
Reduktion Varianz	✓	✓	✓	✓	✓	✓	✓	✓
Reduzierung Entwicklungszeiten	✓	✓	✓	✓	✓	✓	✓	
Verkleinerung der Losgrößen		✓					✓	
Erhöhung der Flexibilität	✓	✓				✓	✓	
Wahl der Produktionsprozesse	✓					✓	✓	
Standardisierung						✓	✓	
Kontinuierliche Verbesserung							✓	
Visuelles Management					✓	✓	✓	
Produktionsprozess nach Fluss und Wert	✓			✓	✓			✓
Kundenwunschmanagement	✓	✓		✓	✓			✓
Fokussierung auf die Konzeptauswahl				✓				
Konformität Anforderungen	✓		✓	✓			✓	
Verifizieren und Validieren	✓		✓	✓		✓	✓	
Baustellen-Kata							✓	
Entscheidungen durch Konsens	✓					✓		
Etablierung eines Netzwerkes	✓						✓	

Diese Interaktionsmatrix macht deutlich, dass bei der Untersuchung vom Zusammenwirken zwischen BIM und Lean Construction insgesamt 55 Interaktionen zwischen den beiden Ansätzen festgestellt werden konnten. Sicherlich ist die Anzahl der Interaktionen von Projekt zu Projekt unterschiedlich und von der Intensität, mit der BIM und Lean Construction bei einem Projekt eingesetzt bzw. angewandt werden, abhängig.

Beispiele für Synergien zwischen BIM und Lean Construction

Generell lassen sich viele Synergien aus der Verwendung von BIM und Lean Construction ableiten. So können BIM-Modelle dank ihrer hohen Kompatibilität mit industriellen CNC-Geräten auch Just-in-time (JIT)-basierte Informationen bereitstellen.

Ein Ziel von Lean Construction ist die Optimierung der Informationsflüsse. Durch eine gemeinschaftliche, abgestimmte und in sich konsistente Planung an einem Bauwerks-Informations-Modell werden Transaktionen und damit verbundene Informationslieferungen verringert. BIM ist eine Methodik, die Lieferungen nach den Lean Prinzipien unterstützt. Sie erlaubt den Entwurfsteams bereits in einer sehr frühen Phase des Projektes, die Auswirkungen des Entwurfs abzugrenzen und auf Kollisionen und Fehler in der Planung zu reagieren. Daraus ergibt sich die Chance, dass das einmal Gezeichnete auch zur Realität wird. Kommen dann auch noch Hersteller und Lieferanten in diese Informations-Lieferkette, dann können die Modelle nicht nur von den Planern genutzt werden, sondern ebenfalls für die industrielle Produktion herangezogen werden. Daraus wiederum ergeben sich völlig neue Möglichkeiten der Vorfertigung und Modulbauweise mit einer entsprechend verbesserten Qualität. Damit resultiert aus der Kombination der beiden Ansätze die Möglichkeit, weg von „der Stück-für-Stück Herstellung“ hin zu einem Produktionsfluss mit entsprechender Effizienz zu kommen.

Der kombinierte Einsatz von BIM-Modellen, CDE und neu aufkommenden digitalen Technologien ermöglicht die Automatisierung einiger nicht-wertschöpfender Aktivitäten. Dazu gehören das Monitoring des Baufortschrittes, Abrechnung der Nachunternehmerleistung auf Basis des Modells, Qualitätskontrolle der Fertigung sowie die Toleranzprüfung bei technischen Anlagen. Aber auch ein regelbasierter Abgleich der Planung und Fertigung auf Bauvorschriften sowie die Auftraggeber-Produkt-Anforderungen.

Grundsätzlich zeichnen sich die Bauwerks-Informations-Modelle durch ihre Maschinenlesbarkeit aus. So können diese Modelle mit weiteren digitalen Informations-Layern unterlegt werden, die zum Beispiel darüber Aufschluss geben, ob sich ein Wasserschutzgebiet in unmittelbarer Nähe zur eigentlichen Baustelle befindet. Dementsprechend kann dann zum Beispiel die Auslegung der Baustelleneinrichtung erfolgen und die Anlieferungszone beispielsweise für Grundwasser gefährdende Stoffe in einen entsprechenden Bereich der Baustelle verlegt werden. Dies dient nicht nur der Arbeitssicherheit und dem Naturschutz, sondern folgt dem Grunde nach „poka yoke“. Es können folgenschwere Fehler und Unfälle im Vorwege vermieden werden.

Entwicklungs- und Iterationszyklen

BIM-basierte Methoden und Werkzeuge lassen sich hervorragend dazu einsetzen, um schnellere Entwicklungs- und Iterationszyklen herbeizuführen. Sie sind gewissermaßen das Herzstück von Lean Construction in der Planung. Kosten- oder Energieeffizienz-Modelle, die ihre Eingabedaten direkt aus einem Bauwerks-Informations-Modell beziehen, unterstützen die Iteration und Entwicklung eines Projektes. Eine Anpassung und Überprüfung der Kundenwünsche wird so maßgeblich unterstützt.

Bau-Soll

Die klare Definition der Auftraggeber-Produkt-Anforderungen und Auftraggeber-Informations-Anforderungen sowie die modellbasierte Ermittlung von Alternativen (einschließlich von Analysen zu Energiebedarf, Akustik, Gebäudetechnik) reduziert den späten Eingriff des Bauherrn. Die in der modellbasierten Projektabwicklung eingesetzten Modelle werden dazu genutzt, um die Planung, die Ausführung (einschließlich der Kollisionsanalyse) und das spätere Betreiben des Bauwerks zu optimieren. Dies führt zu einer erhöhten Qualität nicht nur der Planung, sondern auch zu einem besseren Verständnis der am Projekt Beteiligten und damit zur Steigerung der Qualität der Prozesse und der Ausführung.

Durch die Integration der Informationsmodelle und die damit einhergehende Klarstellung des Bau-Solls wird auch eine verstärkte Vorfertigung (Prefabrication) ermöglicht.

Automatisierte Mengenermittlungen aus intelligenten Modellen sind präziser als der manuelle Prozess. Darüber hinaus werden die Massenänderungen, die sich aus einer veränderten Planung ergeben, konsistent weitergeführt. Und dies über alle Projektphasen hinweg. Diese Änderungen werden nicht nur in Bezug auf die Massen durch das Modell geführt, sondern durchgängig auf alle Grundrisse und Schnitte übertragen. Dadurch werden die Schnittstellenrisiken maßgeblich und die Produktvarianz auf ein Minimum reduziert. Und das über den gesamten Lebenszyklus des Bauwerkes.

Bau- und Planungsbesprechungen

Derzeit können BIM und Lean Construction aktiv bei der Durchführung von Planungsbesprechungen durch die zur Verfügung stehenden Visualisierungen unterstützen. So können die Projektparteien bereits am virtuellen Modell erkennen, ob sie sich in den angedachten Bereichen der Planung oder bei der Ausführung „ins Gehege“ kommen oder eben nicht. Auch die Anlieferung und Verbringung von vorgefertigten Modulen wird in diesem Zusammenhang einfacher. So können davon betroffene Bereiche virtuell gesperrt werden und sind allen Projektbeteiligten so frühzeitig als „No-go area“ bekannt. Weiterhin können beispielsweise Computersimulationen einer Montagesequenz als wesentlicher Bestandteil der kollaborativen Planung durchgeführt werden.

Virtuelles Prototyping und Simulationen

Virtuelles Prototyping und Simulationen ermöglichen aufgrund der Intelligenz der Informations-Modelle die Überprüfung des Entwurfes und der einzuhaltenden Bauvorschriften weitestgehend automatisiert. Dies erlaubt eine effizientere Verifizierung und Validierung der Planung. Zusätzlich können durch Visualisierung die anstehenden Prozesse überprüft und Prozessinformationen validiert werden. Die integrale modellbasierte Projektabwicklung hilft also die bei Lean Construction benötigten Daten im Vorfeld zu verifizieren und zu validieren.

Auch die Integration der virtuellen Realität wird die Prozesstransparenz in der Planungs-, Bau- und Erhaltungsphase erhöhen. Ein solches Modell wird zukünftig im Rahmen beispielsweise einer Nachunternehmerschulung genutzt werden, um die Mitarbeiter in Bezug auf Sicherheit, Ausführung und Qualität im Vorfeld der eigentlichen Ausführungsphase zu trainieren.

Mittels der Informations-Modelle werden Visualisierungen der Fertigung oder Montage-Sequenzen hergestellt. Diese leiten die Mitarbeiter an, wie Arbeiten in dem speziellen Kontext auszuführen sind und stellen die Grundlage für die standardisierte Ausführung dar. Dabei kann zumindest teilweise bereits jetzt regelbasiert die Einhaltung von Sicherheitsvorschriften (beispielsweise Absturzsicherungen) in den Modellen durchgeführt werden. Die Einhaltung dieser Sicherheitseinrichtungen vor Ort auf der Baustelle wird damit erheblich vereinfacht.

Kollisions-Analyse

BIM trägt direkt zu Lean-Prinzipien bei. Die Kollisionsprüfung ist hierfür ein sehr gutes Beispiel. Die heute zur Verfügung stehende BIM-Software ermöglicht in der Regel die Beseitigung von Kollisionen zwischen verschiedenen Fachdisziplinen. Das wiederum reduziert Verzögerungen und Nacharbeiten bei der Ausführung und unnötige Anstrengungen und Verschwendung werden vermieden.

Kollaboration & Konsens

Da die Planung und der Entwurf sowie die damit verbundenen Daten und Informationen in einem 3D-Modell visualisiert werden, ist das gemeinsame Verständnis bei allen Projektbeteiligten leicht zu erreichen. Damit lässt sich in Besprechungen schneller ein Konsens finden und Entscheidungen können auf Grundlage fundierter Informationen gezielter getroffen werden. Die Auftraggeber-Produkt-Anforderungen werden in einer verständlichen und der Leistungsphase gerechten Art und Weise bereits ab der konzeptionellen Entwicklungsphase erfasst, übermittelt und abgestimmt. In Takt-Besprechungen werden diese Informations-Modelle für eine verbesserte Kommunikation und Koordination während der Ausführungsphase eingesetzt. Bereits in der konzeptionellen Entwurfsphase ermöglicht die schnelle Auswertung von Informationen die Ausarbeitung möglicher Varianten. Dies trägt maßgeblich zur Chancenmaximierung und Risikominimierung bei.

Virtuelle Kollaboration

Die Einführung von digitalen Technologien, die eine Detail- und Prozessbetrachtung ebenso wie ein standardisiertes Berichtswesen an den Kunden zulassen, ist zu empfehlen. Daher sollte eine digitale Projektplattform eingeführt werden, die zusätzlich die Kollaboration im Team verstärkt. Es muss ein Konzept für eine effektive Kommunikation erstellt werden, die eine aktive Steuerung der Zusammenarbeit ermöglicht und Datenströme lenkt. Eine derartige Plattform sollte Aktives Bottom-Up und passives Drilldown unterstützen (siehe Kapitel „aktives Bottom-Up und passives Drilldown“).

Web-basierte Anwendungen bieten hier die Möglichkeiten, eine verstärkte virtuelle Kollaboration in disziplinübergreifenden Teams zu erwirken. Diese Anwendungen fördern die Agilität der Teams und erlauben es, Nachrichten an Einzelpersonen oder Gruppen über verschiedene virtuelle Kanäle zu versenden. In diesen verschiedenen Kanälen, die beispielweise für jede Arbeitsgruppe erstellt werden, kann eine zentrale Informationsplattform entstehen, in der alle Dokumente geteilt werden.

Diese Werkzeuge zeichnen sich dadurch aus, dass die Benutzer gleichzeitig ein Dokument bearbeiten und kommentieren können. Dies kann beispielsweise für die Erstellung und Kommentierung einer Besprechungsagenda genutzt und im Vorfeld einer Besprechung mit relevanten Daten gefüllt werden, um alle Beteiligten auf denselben Wissensstand zu bringen. Auch für die Erstellung des Protokolls kann diese Software genutzt werden, da alle Beteiligten in Echtzeit dieses Protokoll kommentieren können und ein aufwendiges, nachträgliches Akzeptieren erspart bleibt.

Weiterer Anwendungsfall einer solchen Plattform ist eine Planung, Verteilung und Nachverfolgung von Aufgaben oder Arbeitspaketen. Verschiedene Boards können eingesetzt werden, um visuell die Arbeit des Projektteams zu steuern. In mehreren Ansichten und Feldern kann der Status eines Arbeitsablaufs aufgezeigt werden. Diese Softwareanwendungen haben den Vorteil, dass sie lediglich einen Webbrowser für die Anwendung benötigen. Daher ist der Umgang mit Laptop, Tablet oder Mobiltelefon auch außerhalb des Büros und auf der Baustelle möglich.

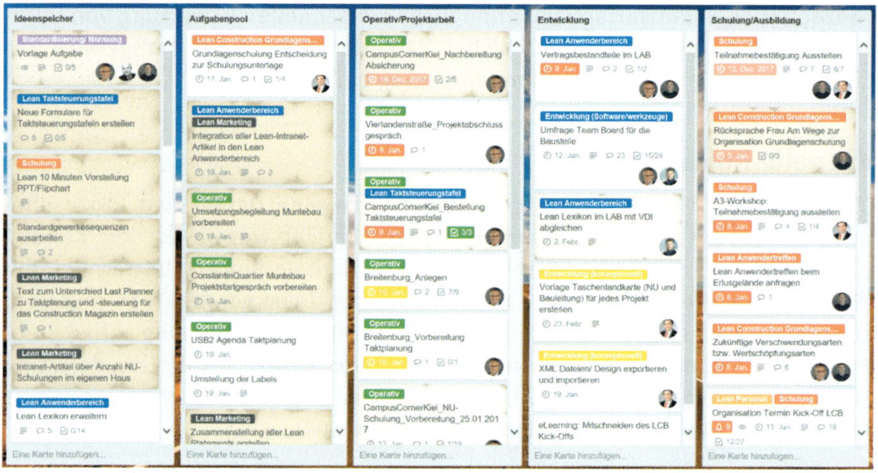

Abbildung 30: Beispiel eines Team-Boards

Diese digitalen Kollaborationswerkzeuge erhöhen die Verfügbarkeit von Informationen. Besonders im Hinblick auf BIM generell und BIM2Field explizit kann eine solche digitale Kollaboration von Vorteil sein, wenn eine Integration der in BIM produzierten Daten vorgenommen wird. BIM2Field bezeichnet die Strategie, die in der Planungsphase erzeugten Daten und Informationen auf die Baustelle zu transferieren. Mit diesen Daten lässt sich dann eine modellbasierte Fortschrittskontrolle, Abnahmedokumentation oder Qualitätssicherung vornehmen. Zusätzliche Informationen über den Arbeitsstand oder die Erstellung von Daten aus der Planung können ein zusätzliches Potenzial darstellen, um kurzfristig die Prozesse auf der Baustelle anzupassen.

Visualisierung

Die Visualisierung des Bauablaufs bietet eine einmalige Gelegenheit, Bauprozesse zu visualisieren und zu optimieren. Damit lassen sich Ressourcenkonflikte in Bezug auf Zeit und Raum identifizieren und konstruktive Lösungen für Probleme mit Bezug auf die Wirtschaftlichkeit herbeiführen. Darüber hinaus erleichtert diese Vorgehensweise die Prozessoptimierung unter Verbesserung der Effizienz sowie der Sicherheit und die Identifikation von möglichen Engpässen. Die verbesserte Nutzung von tragbaren bzw. mobilen Endgeräten mit „Cloud-Datenbanken“ wird zu einer allgegenwärtigen Visualisierung der Modelle beitragen.

JIT und Pull

BIM stellt über die intelligenten Informations-Modelle konsistente Daten zur Verfügung. Diese Konsistenz der Informationen sorgt bei der Anwendung von Lean Construction zu einer erhöhten Prozesssicherheit und Prozessqualität. Dies liegt unter anderem daran, dass die Informationen jederzeit vorgehalten werden und abrufbar bzw. auswertbar sind. So lassen sich zum Beispiel Qualitätsmängel über die Modelle einfacher und damit effizienter kommunizieren und bereitstellen. Und das ganz ohne „Pläne“ und Papier. Dazu werden digitale Technologien eingesetzt, die diese Transformation hin zur Digitalisierung der assoziierten Prozesse ermöglichen.

Der schnelle Rückfluss von Auswertungen und Analysen aus dem Informations-Modell führt ebenso wie die schnelle Konformitätsbestätigung mit den APA und AIA zu einer Unterstützung der kollaborativen Arbeitsweise.

Im günstigsten Fall können Planungsphasen reduziert werden. In der Folge führt diese verbesserte Planung konsequenterweise zu einer Optimierung und Steigerung der Ausführungsqualität sowie einer Reduzierung von Konflikten. Die Verfügbarkeit eines kollisionsfreien und intelligenten Informations-Modells führt in der Ausführung zu einer Reduzierung der Verschwendung und Erhöhung der Vorfertigung. Die Ableitung der für die Fertigung erforderlichen Informationen und Pläne ist damit ohne Schnittstellenverluste gewährleistet.

Dabei wird die erforderliche Information bei Bedarf bereitgestellt und so die Fertigung des richtigen Bauteils zum richtigen Zeitpunkt sichergestellt.

In einem Pull-System werden Komponenten und Materialien nur dann ersetzt, wenn sie verbraucht wurden oder von nachgelagerten Einheiten und Projektmitgliedern benötigt werden. Damit fertigen vorgelagerte Einheiten und Projektmitglieder nur genau das an, was den (Kunden-)Anforderungen gerecht wird, und kontrollieren so den Arbeitsablauf.

So werden beispielsweise Werkplanungen erst dann aus dem intelligenten Informations-Modell abgerufen, wenn sie benötigt werden. Dies ermöglicht die Fertigung von kleineren Chargen und Einheiten. Die Konsistenz der Daten ist gewährleistet und es werden nur die Informationen bereitgestellt, die zur Fertigung erforderlich sind. Durch die Einbindung des Massenmodells in die ERP (Enterprise Resource Planning) des ausführenden Unternehmens und der Lieferanten kann so eine Just-in-time Lieferung der auf der Baustelle benötigten Materialien initiiert werden. Darüber hinaus haben Planungsänderungen automatische Anpassungen der Mengen zur Folge. Daraus folgert ebenso eine Reduzierung der Verschwendung wie auch eine bessere Planbarkeit der eingesetzten Ressourcen und finanziellen Mittel.

Aufgrund von inzwischen existierenden Schnittstellen kann schon bei der Modellierung auf digitale Produktkataloge zugegriffen werden. Mittels einer verbesserten Planung und neuer Schnittstellen zu Herstellern beispielsweise von Fertigteilen, wird ein vermehrter Einsatz der industriellen Vorfertigung ermöglicht. Die zuvor benannten Produktkataloge werden zu einer weitergehenden Standardisierung der Modellierung führen und lassen bereits in den frühen Phasen eines Projektes verlässliche Aussagen zu den zu erwartenden Kosten des Bauprojektes zu.

Dem Grunde nach lässt sich über das Modell die Logistikkette zur Abwicklung eines Bauprojektes abbilden. So wird bereits heute eine Web-basierte Lösung angeboten, die auf Basis des Modells den logistischen Ablauf auf der Baustelle mit Lieferfenstern regelt und so dafür sorgt, dass nur das auf die Baustelle gelangt, was zu diesem Zeitpunkt für die Umsetzung der Baumaßnahme auch wirklich erforderlich ist.

Darüber hinaus bieten Softwarehersteller bereits heute Systeme an, die nicht nur die Mengen ermitteln und kalkulieren können, sondern vielmehr ist diese Softwarelösung auch gleich mit dem „Warehouse" eines Logistikunternehmens verbunden, des Just-in-time alle Materialien bis hin zu vorgefertigten Produkten auf die Baustelle liefert.

Produktvarianzen und Maximierung der Qualitätserreichung

Wie bereits zuvor beschrieben, werden die Anforderungen zum Bauwerk in Form von APA und AIA erfasst und an die Planer und Ausführenden weitergegeben. Eine Abweichung von diesen Anforderungen impliziert Verschwendung. Dabei spielt es keine Rolle, ob die Abweichung zu einer Über- oder Untererfüllung der Anforderungen führt. Im Falle eine Untererfüllung kann dies beispielsweise Neu- oder Umplanungen sowie eine intensive Mängelbeseitigung nach sich ziehen. Eine Überfüllung der Anforderungen ist ebenfalls als Verschwendung zu identifizieren, da die dort enthaltene Arbeit nicht der Wertschöpfung zur Erfüllung der Kundenwünsche führt. Über die APA und AIA sowie deren regelmäßige und wiederkehrende Überprüfung auf Konformität mit den tatsächlich gelieferten Werten bzw. Informationen kann die Wertschöpfung im Sinne des Kunden stattfinden.

Darüber hinaus lassen sich durch diese Herangehensweise Produktvarianzen und Lieferungen mit unterschiedlicher Qualität einschränken und im Idealfall vermeiden.

Mängelmanagement

Auf Basis der Modelle kann über den gesamten Lebenszyklus das Mängelmanagement abgebildet werden. Dies beginnt bereits in der Planung. Eine Kollision zwischen zwei Fachdisziplinen ist genau genommen ein Mangel, den es zu beseitigen gilt. Hierzu können beispielsweise über das BCF (BIM collaboration format) effizient und verschwendungsarm Informationen zwischen den Beteiligten ausgetauscht und zur Beseitigung des Mangels herangezogen werden.

In der Ausführung bietet sich inzwischen ebenfalls der Einsatz digitaler Technologien an. So kann das Modell mit auf die Baustelle genommen werden und das Qualitäts- und Mängelmanagement direkt vor Ort abgearbeitet werden. Mehrfacharbeiten, wie Fotos machen, von der Speicherkarte auf den Rechner übertragen, in den Projektraum hochladen, dem Ort zuordnen und ein Mängelschreiben aufzusetzen, werden der Vergangenheit angehören. Zukünftig wird dies direkt an Ort und Stelle erledigt und der Nachunternehmer oder Mitarbeiter live darüber informiert. Dadurch kann die eigentliche Mängelbeseitigung auf Basis des Modells optimiert und wirtschaftlicher gestaltet werden.

In der Betriebsphase ist das Modell dazu gedacht, Lean-Management zu unterstützen. Denn letztendlich kann hier über ein interaktives Modell beispielsweise durch den Nutzer die Fehlfunktion einer Lichteinheit direkt am Modell gemeldet werden. Nachfolgend ist es dann für das Facility Management ein Einfaches, den Mangel zu lokalisieren, die erforderlichen Ressourcen zu erkennen und die Beseitigung des Mangels durch einen Dienstleister oder Unternehmer zu veranlassen. Auch dies kann mittels der digitalen Technologien in Verbindung mit dem Modell abgebildet werden.

Mehrfachnutzung der Modelle

Auf Basis des gemeinsamen Datenmodells, d. h. eines durch ein koordiniertes Gesamtmodell der einzelnen Fachmodelle in Ausführungsqualität, können alle Projektbeteiligten weitere separate Fachmodelle erzeugen. So können beispielsweise Firmen des Stahl- und Fassadenbaus sowie der Haustechnik ihre Werk- und Montageplanungen mit diesen Fachmodellen detailliert planen und wirtschaftlich optimieren.

Nach erfolgter Werk- und Montageplanung werden diese Modelle dann mit dem Gesamtmodell in dem vereinbarten Detaillierungsgrad synchronisiert. Dabei werden dann Attribute, wie beispielsweise Herstelldetails, Seriennummern, Wartungsintervalle etc. angefügt, die der späteren Verwendung in der Betriebsphase dienen können.

BIM, Lean Construction und Ausführungsqualität

In der Vergangenheit hat sich gezeigt, dass die Informationsbrüche an den Schnittstellen zwischen Planung, Ausführung und Betrieb häufig eine mängelbehaftete Bauqualität zur Folge haben. Oftmals wird ein GU mit der Ausführungsplanung beauftragt, was einen Wechsel der Planer zwischen Entwurfs-/ Genehmigungsplanung und Ausführungsplanung nach sich ziehen kann.

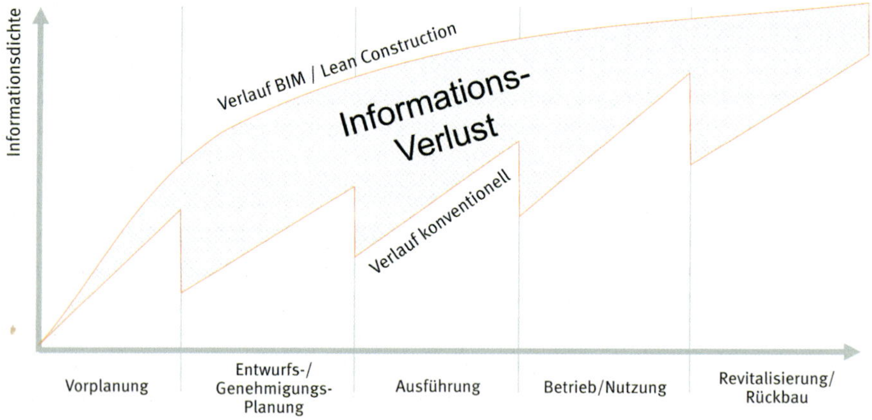

Abbildung 31: Informationsverlauf konventionell vs. BIM

Im Extremfall treten diese Schnittstellenprobleme auch noch zwischen den einzelnen Gewerken bzw. Disziplinen auf, was die zuvor beschriebene Problematik noch verschärft.

Wie bereits zuvor erwähnt, spielt hier wieder die Transparenz eine entscheidende Rolle. Um diese aufrecht zu erhalten, muss gewährleistet werden, dass bereits vorhandene Informationen nicht nur konsistent bleiben, sondern auch weiterverwendet werden können. Ebenso sind Redundanzen zu vermeiden. Zum einen wird damit eine Wiedereingabe der bereits existierenden Informationen vermieden. Diese stellt im Sinne von Lean Construction eine nicht-wertschöpfende Tätigkeit dar und ist somit als Verschwendung anzusehen. Zum anderen sind die Informationen auf ihre Qualität hin überprüfbar und können in einem Workflow für weitere Prozessschritte freigegeben werden.

Nur wenn die Informationen transparent gehalten und von Phase zu Phase weitergegeben werden, kann eine hohe Informations- und damit Bauqualität sichergestellt werden. BIM im Sinne von Building Information Management mit den damit verbundenen Rollen und Verantwortlichkeiten kommt damit eine entscheidende Rolle bei dieser Betrachtung zu.

Soll eine wirksame Qualitätssicherung erreicht werden, müssen Fehler im jeweiligen Prozessschritt erkannt werden. Im Idealfall können diese Fehler schon am virtuellen Modell im Vorwege erkannt und eliminiert werden. Nur so kann eine hohe Ausführungsqualität erreicht werden. Ziel muss es dabei sein, die geforderte Qualität zu erreichen. Zu erreichen bedeutet dabei, diese nicht zu unterschreiten, aber auch nach Möglichkeit nicht zu übererfüllen. Denn auch dies ist im Sinne von Lean Verschwendung, denn die Übererfüllung einer Qualität geht in der Regel mit zusätzlichem materiellen und wirtschaftlichen Aufwand einher, den der Ausführende in der Regel nicht vergütet bekommt.

BIM fundiert auf der Wiederverwendung konsistenter Informationen unter Einsatz digitaler Technologien. Selbstverständlich werden mittels dieser Informationen auch Qualitäten der zu erbringenden Leistung beschrieben. Während der Ausführung werden dann die Informationen der Qualitätssicherung hinzugefügt. Aus der Erhöhung dieser Informationsdichte leitet sich aber kein Automatismus ab, mit dem eine Erhöhung der Bauqualität einhergeht. Dazu ist es vielmehr erforderlich, individuell für jeden Prozessschritt die für die Qualität relevanten festzulegen und im jeweiligen Prozessschritt auch abzufragen bzw. zu ergänzen.

Erst wenn sowohl die Prozess- als auch die Produktqualität während der Bauausführung gesichert ist, kann eine ausreichende Ausführungsqualität für Bauleistungen von Bauunternehmen garantiert werden. Diese Erkenntnis wird im Konzept der modellbasierten digitalen Qualitätssicherung berücksichtigt.

Wird der Lebenszyklus eines Bauwerkes betrachtet, so wird nur dann die geschuldete Bauqualität für den Kunden erzielt, wenn alle Baubeteiligten in den PDCA-Zyklus der Qualität eingebunden sind (siehe Abbildung 32). Die Einbeziehung aller Baubeteiligten in den Ansatz einer kollaborativen Zusammenarbeit ist, wie zuvor beschrieben, sowohl für BIM als auch Lean Construction anzustreben. Die Ansätze von BIM und Lean Construction und die damit einhergehende Ergänzung der Bauwerks-Informations-Modelle um die Aspekte Qualität verstärken die zuvor beschriebenen Effekte.

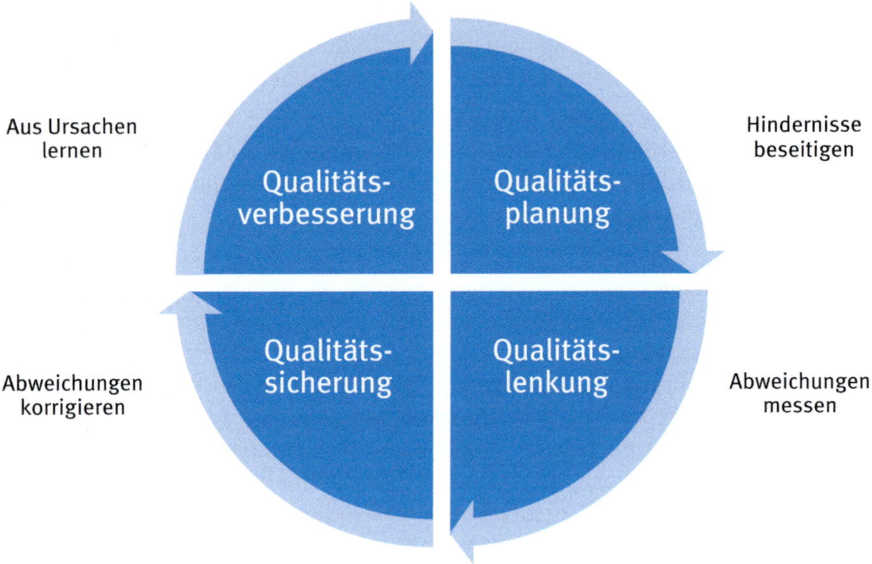

Abbildung 32: Qualität im Sinne des PDCA-Zyklus

Hinzu kommt, dass die Erfüllung der vereinbarten Bau-Qualität über die an das Modell angefügten Informationen sehr viel einfacher zu gewährleisten, zu überprüfen und zu dokumentieren ist.

Ergänzend sei dabei erwähnt, dass eine frühzeitige Einbindung der Bauunternehmen, wie sie bereits in anderen Teilen der internationalen Bauwelt, aber auch bereits in Deutschland praktiziert wird, die Erfüllung der APA und damit der geschuldeten Qualität deutlich positiv beeinflussen kann und wird.

Diese transparent verfügbaren Informationen können durch ein Bauunternehmen für eine wirksame digitale Qualitätssicherung während der Bauausführung genutzt werden, um gegenüber dem Bauherrn hinreichend Vertrauen der eigenen Leistungsfähigkeit hinsichtlich der Erfüllung von Qualitätsanforderungen zu schaffen.

Lean im BIM-Prozess

Teile der bekannten Lean-Methoden ermöglichen es, die Wertschöpfung zu identifizieren, wertschöpfende Tätigkeiten in zielführender Reihenfolge zu planen und die Effizienz der ausgeführten Arbeiten zu steigern und gleichzeitig Verschwendungen und Störungen zu reduzieren. BIM fokussiert die Planung der Wertschöpfung im Hinblick auf einen effektiven Prozess durch den BIM-Abwicklungsplan. Hier werden BIM-Anwendungsfälle und -Prozesse definiert. Dabei wird definiert, wer wann wem was wie in welcher Datenqualität zu übergeben hat. Damit wird einer Überproduktion vorgebeugt und der Planungsfortschritt folgt einem vorgegebenen Pfad.

Dabei schaffen die Rollen des Informationsmanagements den Rahmen für eine strukturierte und organisierte Arbeitsweise. Die Rollen der Informations-Koordination und Informations-Autoren sind dagegen für die eigentliche Wertschöpfung an sich zuständig und können sich auf Grund der bereits geschaffenen Rahmenbedingungen auf diese voll fokussieren. Dies führt zu einem störungsfreien Ablauf mit einer Reduzierung von Fehlern. Wird dies durch Transparenz und proaktiven Wissensaustausch befördert, lassen sich die uns aus in Vergangenheit bekannten Rückschläge in den Projekten vermeiden. Die Zufriedenheit des Kunden und auch der anderen Projektbeteiligten wird deutlich steigen.

Von Big Data, CDE, BIM und LEAN Construction

„Big Data“ wurde und wird viel diskutiert. In der heutigen Informationswelt ist das Problem nicht der Mangel an Datenvolumen, sondern das Fehlen von umsetzbaren Informationen, die zu einer höheren Produktivität führen. Insbesondere fehlen noch Spezifikationen, wie wichtige Informationen von unwichtigen differenziert werden können. Gleichzeitig müssen Daten in leicht verständlichen, gängigen Formaten vorliegen, um bewertet und zum Vorteil eines Projektes oder eines Unternehmens eingesetzt zu werden. Besser noch werden die Daten in Datenbanken vorgehalten, die untereinander verknüpft sind. Entsprechende Ansätze, solche digitalen Wertschöpfungsnetzwerke aufzubauen, gibt es derzeit viele. Dem Grunde nach ist es nur noch eine Frage der Zeit, bis die ersten dieser Netzwerke angeboten werden.

BIM ist gleichzeitig das effiziente Lebenszyklus-Management der gebauten, realen Umwelt in einem digitalen Zwilling, der durch weitere digitale Technologie unterstützt wird. Es kann allen Beteiligten große Vorteile bringen. Dies ist jedoch nur möglich, wenn zusätzlich zu den Managementansätzen von Lean Construction die unterstützende Technologie einer gemeinsame Datenumgebung (CDE) vorhanden ist.

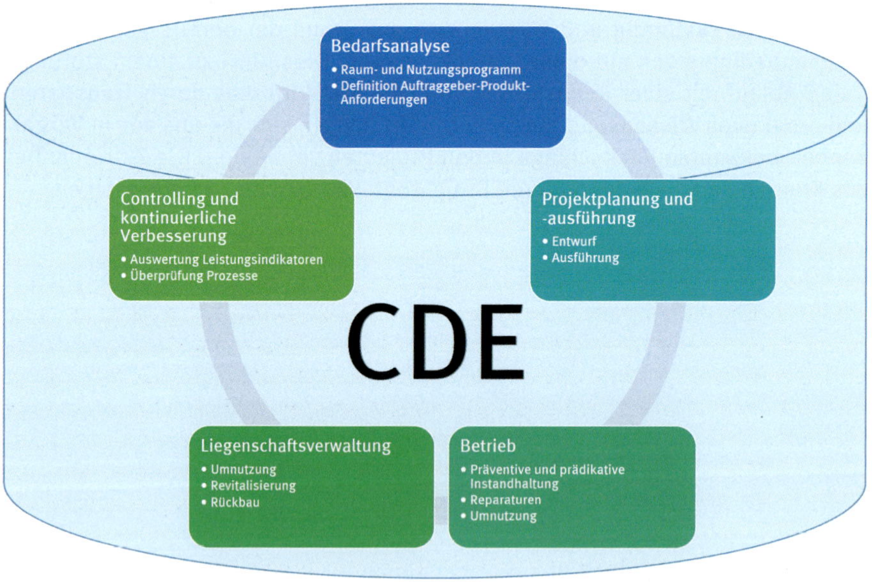

Abbildung 33: Beispiel einer gemeinsamen Datenumgebung über den Lebenszyklus eines Bauwerkes

Eine gemeinsame Datenumgebung ist entscheidend für die Lieferung von qualitativ hochwertigen Informationen rund um das Bauwerk und kann so dazu beitragen, beispielsweise Instandsetzungs-, Reparatur-, Wartungszustände rechtzeitig und im Rahmen des Budgets zu erkennen.

Darüber lassen sich bei richtigem Einsatz des CDE Prozesse verbessern und daraus resultierend die Effizienz steigern.

Aktuelle Untersuchungen zeigen auf, dass nur 2 % der Bauprojekte weltweit pünktlich, im Budget und zur Zufriedenheit aller Teilnehmer und Nutzer bereitgestellt werden. Um dieses traditionell negative Ergebnis auf den Kopf zu stellen und konstant 98 % Kundenzufriedenheit zu erreichen, müssen aktuelle und konsistente Informationen transparent und unter allen Projektbeteiligten und den gesamten Lebenszyklus verteilt werden.

Dies setzt zum einen eine Standardisierung des Informationsgehaltes unter Berücksichtigung des jeweiligen Anwendungsfalles und der betrachteten Phase voraus. Zum anderen lassen sich diese Informationen, die für die unterschiedlichen Projektbeteiligten, Zwecke und Ziele aggregiert, verteilt, aktualisiert und modifiziert werden, nur kosteneffizient in einem CDE verwalten.

Wie bereits zuvor beschrieben ermöglichen diese detaillierten Informationen, dass die Projektbeteiligten bessere Entscheidungen treffen und eine höhere Effizienz erreichen können.

Dabei sind in der Regel die Aufwendungen, um ein Unternehmen auf die Nutzung einer gemeinsam genutzten Datenumgebung umzustellen, von untergeordneter Bedeutung. Richtig ist, dass dies zunächst zu höheren initialen Geschäftskosten führen wird, jedoch dürften sich diese Kosten schnell wieder durch die Reduzierung von Mehrfacheingaben, Fehlerquellen und Informationsverlusten schnell amortisieren.

Auftraggeber werden sich zunehmend der hohen Verschwendung und geringen Produktivität, die mit dem Einsatz konventioneller Methoden verbunden sind, bewusst und verlangen Veränderungen. Um die Produktivität zu erhöhen, wird die frühzeitige und fortlaufende gemeinsame Nutzung standardisierter Informationen in einer gemeinsamen Datenumgebung als eine Anforderung erkannt und zunehmend auch benannt. Hinzu kommt, dass diese Informationen in vielen Fällen bereits durch Herstellerinformationen ergänzt werden können. Gleichzeitig sorgt das CDE für mehr Effizienz bei Instandhaltung, Reparaturen, Wartungen oder Neubauprojekten durch verbesserte Verfügbarkeit aktueller Modelle und abgeleiteter Projektdokumente. Gleichzeitig lassen sich die Methoden, die unter dem Management-Ansatz Lean Construction vereint sind, durchaus auf die zuvor geschilderten Anforderungen der Auftraggeber anwenden (siehe auch Kapitel „JIT und Pull").

Der Druck auf die Fachplaner, von der konventionellen Planungsmethode auf BIM umzustellen, wird stark zunehmen. In Verbindung damit wird die gemeinsam genutzte Datenumgebung eine wichtige Rolle spielen und den Fachplanern vor allem auch Disziplin im Umgang mit den von ihnen erzeugten Daten abverlangen. Denn zukünftig werden die Daten in Echtzeit allen Projektbeteiligten zur Verfügung stehen und sind daher mit einem Status zu versehen. Diese Vorgehensweise ist keineswegs neu, sondern wird zunehmend auf die einzelne Information bezogen sein. Umso wichtiger wird es sein, dass die zur Verfügung gestellten Daten konsistent sind und es keine redundante Datenhaltung gibt.

Die ausführenden Unternehmen sollten von den frühesten Planungsphasen eingebunden sein, um ihre Erfahrungen und ihr Wissen in das Projekt einzubringen, um die Ziele hinsichtlich Prozessen, Qualität, Terminen und Kosten zu erreichen. Gleichzeitig kann so die Produktivität auf der Baustelle gesteigert werden, da die ausführenden Unternehmen ein hohes Maß an Vorfertigung erreichen können. Der konventionelle und durchaus problematische „Übergang zwischen Entwurfs- und Bauphase" entfällt.

BIM, Lean Construction und das Recht

Selbstverständlich gibt es beim Einsatz von BIM und Lean Construction etliche rechtliche Rahmenbedingungen zu beachten. Und noch lange sind nicht alle rechtlichen Belange geklärt, die gegebenenfalls Einfluss auf den Einsatz von BIM und Lean Construction haben könnten.

Allerdings sollte dem rechtlichen Rahmen nicht zu viel Bedeutung beigemessen werden. Das ist schwierig, denn oftmals wird in Deutschland präventiv erst einmal ein Projektbeteiligter gesucht, denn man dann im Ernstfall zum Schuldigen machen kann. Was sich sarkastisch anhört und auch leicht überhöht dargestellt ist, hat dennoch einen realen Bezug.

Besonders deutlich wird dies, wenn entsprechende Vertragsdokumente aufgesetzt werden. So ist selbstverständlich zu beachten, dass die beispielsweise im Rahmen von BIM definierten AIA Vertragsbestandteile sind. Eine Anpassung kommt nach Einschätzung von Rechtsexperten einer Leistungsänderung gleich und ist damit gegebenenfalls im Rahmen eines Nachtrages zu betrachten. Anders verhält es sich dagegen mit dem BAP. Ohnehin wird dieser zur Zeit noch als „lebendes Dokument“ betrachtet und ist daher wohl „nur“ als Konkretisierung des Leistungsgegenstandes zu betrachten.

In Bezug auf Lean Construction sollten mit den Nachunternehmern entsprechende Nachunternehmer-Vereinbarungen getroffen werden. Diese sollten allerdings nach Möglichkeit so gestaltet werden, dass die Nachunternehmer von Sanktionen weitestgehend freigehalten werden. BIM und Lean Construction setzen auf Transparenz und Vertrauen sowie eine veränderte Fehlerkultur. Dass dies rechtlich eine Grauzone darstellt, ist unbenommen. Insofern muss für jedes Projekt neu entschieden werden, ob gegebenenfalls „schärfere“ Nachunternehmer-Vereinbarungen eingesetzt werden müssen. Dabei ist auch eine langfristige Zusammenarbeit ins Auge zu fassen. Der wiederkehrende Einsatz von Planern und Ausführenden in nachfolgenden Projekten ist anzustreben, um die Umsetzung der beiden Ansätze sicherzustellen und weiter zu optimieren.

Unberührt davon bleibt § 650 b BGB zur Änderung eines Vertrages. Und genau hier wird es kniffelig für alle Beteiligten. Was passiert mit BIM und Lean Construction, wenn der Bauherr von seinem Anordnungsrecht Gebrauch macht und damit alle bisherigen Bemühungen in Sachen BIM und Lean Construction konterkariert? Eine derartige Situation ist, so wie bisher auch, sicherlich zumindest von zwei Seiten zu betrachten und zu bewerten: von der rechtlichen und der operativen.

Aus der operativen Sicht ergibt sich durch den Einsatz an dieser Stelle sicherlich ein Vorteil. Durch den Einsatz von BIM und Lean Construction wird transparent gemacht, wo genau das Projekt steht und welche Arbeits- und Planungsinhalte gerade abzuarbeiten sind. Insofern lässt sich zu jedem Zeitpunkt genau der aktuelle Stand abrufen und darauf eine Anpassung des Ablaufes neu organisieren. Dies ist gegebenenfalls in rechtlicher Hinsicht wichtig. Denn obwohl sowohl BIM als auch Lean Construction auf Kollaboration aufbauen, Respekt und Vertrauen voraussetzen, ist es nicht auszuschließen, dass es auch mal zu einem Rechtsstreit kommt. Dort hilft in der Folge die zuvor beschriebene Transparenz in Hinblick auf den Status quo.

Ansonsten sind die rechtlichen Auswirkungen von BIM und Lean Construction noch nicht abschließend rechtlich bewertet. So wird noch immer darüber diskutiert, welche Auswirkungen BIM und Lean Construction auf die Leistungsbilder und Honorare von Architekten und Ingenieuren sowie die Leistungen der ausführenden Unternehmen haben.

Was gibt es sonst noch zu beachten?

BIM und Lean Construction in einem Unternehmen oder Planungsbüro einzuführen, birgt natürlich nicht nur Chancen, sondern auch Risiken. Warum auch sollten sich die beiden Ansätze von anderen Veränderungen diesbezüglich abgrenzen?

Doch bei genauerem Hinschauen wird jedem schnell einsichtig werden, dass die Chancen deutlich überwiegen. Und wer nicht nur in Bezug auf die Marktbegleiter konkurrenzfähig bleiben, sondern sich ebenfalls als attraktiver Arbeitgeber positionieren will, wird nicht umhinkommen, sich schnellstmöglich mit diesen beiden Ansätzen vertraut zu machen.

Und machen wir uns nichts vor, denn schon längst sind weitere Ansätze dabei, die Bauindustrie „zu infiltrieren". So wissen Fachleute, die sich etwas eingehender mit den Ansätzen beschäftigen und beschäftigt haben, dass bereits Teile des agilen Managements in die Bauindustrie Einzug gehalten haben. Agile Planung stellt so einen Ansatz dar, ebenso wie Scrum.

Doch bei der Einführung von BIM und Lean Construction gilt es einiges zu beachten.

Es bedarf einer genauen Überlegung im Vorwege, wann der richtige Zeitpunkt ist, um die beiden Methodiken zusammenzuführen. Sowohl BIM als auch Lean Construction sind harte Arbeit bei der Implementierung nicht nur im Unternehmen selbst, sondern auch im Projekt selbst.

Beide Ansätze in einem „Rutsch" im Unternehmen bzw. Projekt einzuführen, erfordert ein hohes Maß an Vorüberlegungen. Wie bereits im Abschnitt Transparenz dargestellt, werden nicht nur die zu errichtenden Bauwerke komplexer, sondern auch die Mitwirkung von Menschen hat einen maßgeblichen Einfluss auf die Implementierung der beiden Ansätze.

Der Zeitpunkt der Einführung von Lean Construction und/oder BIM ist ausschlaggebend für den Erfolg. Als besonders effizient hat sich eine Einführung „On-the-job", also die Implementierung im Verlauf eines operativen Projektes, herausgestellt. So haben die Projektbeteiligten gleich die Möglichkeit, das Gelernte anzuwenden. Für das Unternehmen ergibt sich daraus eine kürzere Lernphase, der Mitarbeiter wird schneller wieder produktiv. Sowohl für die Mitarbeiter, Projektbeteiligten und Unternehmen ist die Implementierung von Lean Construction und/oder BIM harte Arbeit.

Vision, Strategie und Unternehmensphilosophie

Hat Ihr Unternehmen eine Strategie und eine Vision? Sicherlich. Zumindest ist das in Bezug auf eine Implementierung von BIM und Lean Construction sehr hilfreich und vor allem erforderlich.

Sollte Ihr Unternehmen keine Strategie oder Vision haben, sollten Sie sich umgehend daranmachen, eben diese beiden zentralen Punkte zu formulieren. Wichtiger noch als die Ausformulierung ist aber, dass jeder Ihrer Mitarbeiter diese Strategie und Vision kennt und auf die Erreichung der daraus resultierenden Ziele hinarbeitet. Dabei schadet es nicht, vor allem die Vision regelmäßig in das Gedächtnis der Mitarbeiter zu rufen. Denn nur wenn diese wirklich bei den Mitarbeitern präsent ist, werden sich diese damit identifizieren und für sich einen Sinn in ihrem eigenen Tun erkennen können. Sinn lässt sich nicht vorgeben, er muss sich jedem einzelnen Menschen erschließen.

Sollten Sie bereits eine Strategie bzw. Vision haben, so überprüfen Sie diese. Welchen Einfluss hat die Implementierung von BIM, Lean Thinking bzw. Lean Construction auf die Strategie und gegebenenfalls auf die Vision?

Sie werden schnell feststellen, dass die Auswirkungen unter Umständen gravierend sein werden. Im Extremfall wird das Unternehmen eine Transition der Unternehmensphilosophie durchlaufen müssen. Insbesondere werden Sie sich darüber Gedanken machen müssen, wie Sie zukünftig mit hierarchischen Strukturen umgehen wollen. Lean erwartet eigenverantwortliches und selbstständiges Handeln. „Par ordre du mufti“ wird da nicht mehr funktionieren.

Wenn Sie BIM und Lean Construction wirklich leben wollen, dann müssen Sie Raum für eine völlig veränderte Fehler-Kultur geben. Lean Construction basiert unter anderem auf dem Null-Fehler-Prinzip. In seinem Ursprung steht dahinter ein sehr idealisierter Ansatz: es darf keinen Fehler geben. Dass das gerade in unserer Branche eher als utopisch zu betrachten ist, muss wohl nicht weiter erörtert werden.

Natürlich birgt ein Fehler ein hohes Maß an Risiko in sich. Aber eben auch ein hohes Maß an Chancen. Wird ein Fehler frühzeitig erkannt, so kann er eliminiert werden. Und genau das ist auch der Ansatz des Null-Fehler-Prinzips: Mache jeden Fehler nur genau ein einziges Mal, wiederhole ihn nicht.

Die Implementierung ist Chefsache

Es reicht nicht, eine Geschäftsanweisung auf den Tisch zu legen, die die Implementierung von Lean Construction als beschlossene Sache bekannt gibt. Wer so agiert, riskiert wissentlich das Scheitern einer solchen Implementierung.

Und nicht nur das. Er hinterlässt gegebenenfalls verbrannte Erde. Die Mitarbeiter entwickeln erstaunliche Fähigkeiten, wenn es darum geht, sich an Misserfolge zu erinnern. Elefanten würden regelrecht neidisch werden.

Was ist also zu tun? Wie kann sichergestellt werden, dass zwar Fehler auftreten werden, aber die Implementierung an sich nicht zu scheitern droht.

Die Antwort ist recht einfach und daher nahezu erstaunlich: Stellen Sie Transparenz her, nehmen Sie Ihre Mitarbeiter mit und beteiligen Sie sie an der Implementierung, indem Sie sie in die Verantwortung bringen.

Ist die Implementierung einmal angeschoben, sollten Sie sich die SMART-Kriterien zu eigen machen. Die SMART-Kriterien verhelfen Ihnen und Ihren Mitarbeitern, Enttäuschungen vorzubeugen und zielorientiertes Arbeiten zu erreichen. Die SMART-Kriterien lauten wie folgt:

- Spezifisch: Ziele sind eindeutig zu definieren (nicht vage, sondern so präzise wie möglich).
  - Beispiel: Erarbeitung einer detaillierten Qualitätscheckliste für Nachunternehmerleistungen.
- Messbar: Ziele sind messbar, es liegen Messbarkeitskriterien vor.
  - Beispiel: Definition der Inhalte, die zur Erreichung eines Meilensteines erforderlich sind. Abweichungen unter Nennung von Gründen sind zeitnah nach Bekanntwerden derselben schriftlich anzuzeigen und zu dokumentieren.
- Akzeptiert: Ziele sind von den Empfängern akzeptiert (auch: angemessen, aktiv, attraktiv, abgestimmt ausführbar oder anspruchsvoll, erreichbar).
  - Beispiel: Ein Mitarbeiter wird motivierter an die Abarbeitung eines Zieles herangehen, wenn er einen Mehrwert und im besten Falle für sich selbst einen Sinn darin erkennt.
- Realistisch: Ziele müssen möglich sein.
  - Beispiel: Übertragen Sie einem Mitarbeiter nur Aufgaben, die er auf Grundlage seiner Ausbildung und/oder Kompetenz auch wirklich abarbeiten kann. Versetzen Sie ihn gegebenenfalls durch Schulungen und Seminare dazu in die Lage.
- Terminierbar: Zu jedem Ziel gehört eine klare Terminvorgabe, bis wann das Ziel erreicht sein muss.
  - Beispiel: Für die Erledigung der Aufgaben wird zwischen Leitung und Mitarbeiter ein zeitlicher Rahmen vereinbart. Dies kann in Form von Meilensteinen erfolgen.

SMART zu arbeiten ist dem Grunde nach Lean in Reinkultur. Denn es stellt zwischen dem Zielgebenden und Zielerreichenden vollständige Transparenz über das Ziel selber, aber eben auch über den Zeitraum zur Erreichung des Zieles. Und SMART lässt sich nicht nur in der 1 : 1-Beziehung herstellen, sondern auf ganze Teams skalieren.

Denken Sie ebenfalls über die Einführung einer prime directive nach, also einer obersten Direktive. Menschen meines Jahrgangs kennen dies nur zu gut aus der Serie Star Trek.

Und es stellt sich noch ein weiterer Effekt ein. Wenn Sie eigenverantwortliches und selbstständiges Arbeiten ermöglichen, entwickelt sich eine erstaunliche Eigendynamik. Eine Eigendynamik, die alles Beteiligten Spaß machen kann und wird.

Verantwortung

Stellen Sie frühzeitig Transparenz über das her, was sich in der Zukunft für die Mitarbeiter verändern wird. Und ziehen Sie die Mitarbeiter mit in die Verantwortung. Die Zeiten, in denen Mitarbeiter nur Befehlsempfänger waren, sind längst vorüber. Nur hat das so manche Führungskraft noch immer nicht verstanden.

Versuchen Sie mal, einem Generation-Y-Mitarbeiter mit solchen veralteten Führungsmethoden zu kommen, Sie werden kläglich scheitern. Das Y ist nämlich nicht, wie oftmals fälschlich angenommen, dem Alphabet geschuldet, sondern vielmehr der Frage „Why“, die im englischsprachigen Raum mit dem Buchstaben Y [waɪ] abgekürzt wird. Dahinter steckt der Anspruch, in der Aufgabe oder deren Erledigung einen Sinn für sich selbst zu erkennen. Oder zumindest einen persönlichen Mehrwert.

Und so erscheint es logisch, dass durch die frühe Einbeziehung der Mitarbeiter und der wirklichen Übertragung von Verantwortung die Implementierung von BIM und Lean Construction sehr viel einfacher und erfolgreicher durchgeführt werden kann. Ermächtigen Sie Ihre Mitarbeiter zu eigenverantwortlichen und selbstständigen Arbeiten, denn nur dann werden die Mitarbeiter bereit sein, sich der Sache voll und ganz hinzugeben.

Verunsicherung und Angst

Veränderungen erzeugen bei den meisten Menschen Angst oder zumindest Verunsicherung. Sicherlich hat jeder Einzelne dabei seine ganz eigene Art, mit diesen Ängsten oder der Verunsicherung umzugehen.

Der eher optimistisch geprägte Mitarbeiter wird in die Hände klatschen und sich voller Elan und Motivation auf die aus der Veränderung resultierenden Aufgaben und den in aller Regel damit einhergehenden Technologiewandel stürzen. Dabei kann es selbstverständlich sein, dass der Mitarbeiter in diesem Zusammenhang übermotiviert andere, eher pessimistisch geprägte Mitarbeiter, noch weiter abschreckt. Sätze wie „Ist doch alles gar nicht so schlimm" oder „Wir schaffen das schon" sind da wenig hilfreich.

Denn für den pessimistisch gestimmten Mitarbeiter wird es wichtig sein, dass er sich ernst genommen fühlt. Sprich, er will mit seiner Angst bzw. Verunsicherung abgeholt und geführt werden.

Aber genau da liegt oftmals die Schwierigkeit für die Führungskräfte. Denn genau genommen ist es ihre Aufgabe, die Mitarbeiter zu motivieren und mitzunehmen, gleichzeitig aber auch in gewisser Weise die vorgenannten Bedenken zu kompensieren. Doch wie kann das gelingen?

Das hängt maßgeblich davon ab, dass sehr frühzeitig Transparenz hergestellt wird. Und dies nicht nur in Bezug auf die Veränderungen hinsichtlich der Implementierung von BIM und Lean Construction, sondern vielmehr auch, wie sich diese Veränderungen auf die Strategie, die Vision und die Ziele des Unternehmens auswirken.

Insbesondere muss deutlich gemacht werden, dass es sich bei der Einführung von BIM und Lean Construction um keine Rationalisierungsmaßnahme im herkömmlichen Sinne handelt.

Fehlerkultur

Fehler werden in der Praxis bisher verstärkt negativ betrachtet und auch so kommuniziert. Speziell Angestellte, die sich mit der Reduzierung von Fehlern beschäftigen oder die Entstehung solcher hinterfragen, stehen oftmals als „Buhmann" dar. Kollegen fassen die Thematik negativ auf und fühlen sich persönlich angegriffen. Nicht immer wird die Wichtigkeit, sich mit dem Thema „Fehler" zu beschäftigen, richtig kommuniziert.

Die Ursache hierfür liegt in der Art und Weise, wie ein Unternehmen oder auch Projekt mit Fehlern umgeht und der damit verbundenen Fehlerkultur. Dass es auch anders geht, zeigen Unternehmen, die die Vorteile einer gelebten konstruktiven Fehlerkultur erkannt haben, nutzen und damit ihre Produktivität erhöhen. Bei der Implementierung einer neuen Fehlerkultur steht der Mensch unweigerlich im Vordergrund. Daneben gilt es, sich mit der Meldung von Fehlern und deren Analyse sowie Beseitigung auseinanderzusetzen.

Eine verbesserte und damit konstruktive Fehlerkultur erfordert Transparenz im Umgang mit Fehlern. Nur so können diese als Quelle für Verbesserungsansätze dienen und damit die Entwicklung der bestmöglichen Lösung und Innovationen in einem Unternehmen fördern.

Viele verbinden Lean Construction mit dem Null-Fehler-Prinzip und dem Streben nach der absoluten Fehlerfreiheit. Dies kann jedoch schnell zur Entmutigung der Mitarbeiter führen. Doch ist das zielführend? Der erste Schritt, um die Fehlerkultur in einem Unternehmen zu verbessern, ist zu akzeptieren, dass Fehler existieren und immer wieder vorkommen. Wichtig ist, dass die Fehler wahrgenommen werden, um im nachfolgenden Schritt zu reflektieren und zu analysieren. Nur dann lassen sich die mit dem Fehler verbundenen Prozesse optimieren. Ein Umdenken ist dahingehend erforderlich, dass es zumindest in einer Übergangsphase gewisse Fehler zu akzeptieren und sich auf die elementarsten Fehler zu fokussieren. Wird das Pareto-Prinzip auf Fehler angewendet, ergibt sich eine Quote von 20 : 80. Demnach erzeugen 20 % der Fehler gut 80 % der Folgen aus denselben.

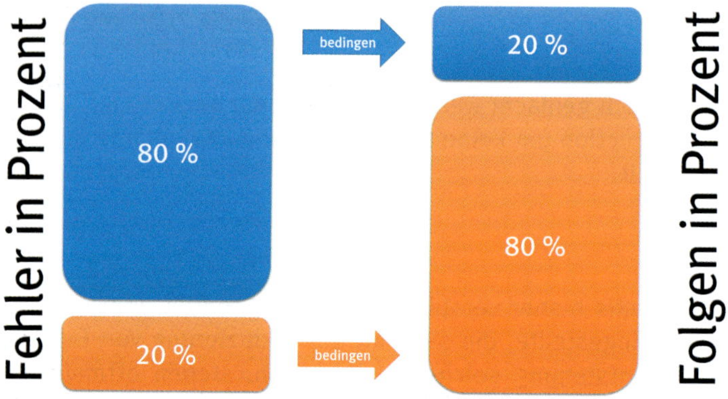

Abbildung 34: Pareto-Prinzip auf Fehler und Folgen angewandt

Generell ist in einem Unternehmen oder einem Projekt zunächst einmal eine Bereitschaft zur kontinuierlichen Verbesserung zu schaffen. Dies ist neben der vorgenannten Akzeptanz, dass Fehler nun einmal existieren, Voraussetzung für eine Veränderung der Unternehmenskultur. Die Implementierung kann nur erfolgreich verlaufen, wenn ebenso wie bei BIM und Lean Construction das Management respektive die Projektleitung diese konstruktive Fehlerkultur auch vorlebt und befördert. Damit verringert sich der Druck auf die Mitarbeiter bzw. die Projektmitglieder und die Angst, Fehler zu machen, wird nachhaltig reduziert. Der positive Umgang mit Fehlern kann bei den Mitarbeitern sogar befreiend wirken, denn gleichzeitig reduziert sich die Angst, Fehler zu machen. So werden unter Umständen Fehler vermieden, die ansonsten auf Grund von Angst, Fehler zu machen, passiert wären. Im schlimmsten Falle sorgt diese Angst sogar dafür, dass die Mitarbeiter lieber gar nichts machen als einen Fehler. Schon deswegen muss die konstruktive Fehlerkultur auch im ganzen Unternehmen bzw. Projekt gelebt und auch offengelegt werden.

Eine optimale Fehlerakzeptanz kann nur dann entstehen, wenn das Offenlegen von Fehlern frei von Sanktionen gestellt wird. Die bisherige Herangehensweise, Fehler zu bestrafen, um neue Fehler zu vermeiden, ist als wenig zielführend zu betrachten. Hinzu kommt, dass Sanktionen eher dazu führen, dass die Mitarbeiter und Projektbeteiligten diese vertuschen, als sie offen zu legen. Diese Sanktionsfreiheit muss auf allen Ebenen gelebt werden.

Die Untersuchung eines Fehlers muss unbedingt auf der Sachebene geschehen. Gegebenenfalls ist es zunächst einmal vorrangig, die „Kuh vom Eis" zu bringen, sprich nach einer Lösung zur Fehlerbeseitigung zu suchen und dann den Fehler später auszuwerten. Für eine objektive und konstruktive Fehleranalyse sind direkte Vorwürfe und Emotionen zu vermeiden. In anderen Kulturkreisen dieser Welt werden Mitarbeiter sogar belohnt, wenn sie Fehler offenlegen. Die Fehleranalyse ist nicht alleine die Arbeit eines Einzelnen oder des Qualitätsmanagers, sie muss gemeinsam mit den beteiligten Personen erfolgen, um die zukünftige Fehlervermeidung zu optimieren. Bevor aus Fehlern gelernt werden kann, müssen alle Ursachen genau analysiert werden. Eine regelmäßige Reflexion von Führungskräften und Mitarbeitern ist erforderlich, wie auch eine Nachbesprechung von Projekten.

Wie bei allen Veränderungsprozessen ist es erforderlich, die Mitarbeiter hin zu einer konstruktiven Fehlerkultur mitzunehmen. Eine Implementierung von heute auf morgen ist nicht umsetzbar. Wie bereits zuvor geschrieben kommt es hier auf den Vorbildcharakter der Führungskräfte an. Diese müssen den offenen Umgang mit Fehlern vorleben. Anzudenken ist in diesem Zusammenhang eine jährliche Schulung aller Mitarbeiter (auch der Führungskräfte), um die Fehlerkultur weiter zu verbessern. Wenn die Mitarbeiter mit an Bord sind, steht dem produktiven Umgang mit Fehlern nichts mehr im Wege.

Für ein sich stetig weiterentwickelndes Fehlerbewusstsein in einem Unternehmen oder Projekt hilft ein kontinuierliches Monitoring von Fehlern und die Optimierung der Prozesse. Hierfür eignet sich die Fehlermöglichkeits- und -einflussanalyse. Diese Analyse gibt einen besseren Einblick in die Risiken von Fehlern, ihre Wahrscheinlichkeiten und Folgen. Vorgenanntes führt zu einer Erhöhung der Produktivität entlang der gesamten Wertschöpfungskette.

Wenn sich BIM und Lean Construction in einem Unternehmen oder Projekt etalieren soll, dann muss Raum für eine völlig veränderte, verbesserte Fehlerkultur vorhanden sein. BIM verfolgt den Ansatz, Fehler erst gar nicht aufkommen zu lassen. Lean Construction basiert unter anderem auf dem Null-Fehler-Prinzip. In seinem Ursprung steht dahinter ein sehr idealisierter Ansatz: es darf keinen Fehler geben. Dass das gerade in unserer Branche eher als utopisch zu betrachten ist, muss wohl nicht weiter erörtert werden. Gleichzeitig sollten wir uns bewusst sein, dass auch wir die Anzahl und die Schwere der Fehler in unserer Industrie deutlich einschränken können.

Wie soll das gehen? Warum sollten Bauherr, Planer und Ausführende plötzlich einen Vorteil darin sehen, Fehler transparent zu machen, anstatt sie wie bisher im schlimmsten Fall zu verschweigen? Die Antwort ist verhältnismäßig einfach: Verzögerungen auf Baustellen bringen nicht nur Nachträge und Behinderungsanzeigen, sondern erhöhen den Stress bei den Beteiligten erheblich.

Abbildung 35: Schematische Darstellung einer verbesserten Fehlerkultur

Von einem ausgeglichenen Arbeiten kann da keine Rede mehr sein. Denn Verzug auf der einen Baustelle bedingt fast zwangsläufig auch Verzögerungen der Inbetriebnahme oder der eigenen Leistung bei anderen Bauvorhaben, die nachfolgend bearbeitet werden sollen. Das Herstellen von Transparenz von eigenen und auch Fehlern anderer sorgt also für einen stabilen, gut strukturierten und gegebenenfalls auch standardisierten Bauablauf.

Natürlich birgt ein Fehler ein hohes Maß an Risiko in sich. Aber eben auch ein hohes Maß an Chancen. Wird ein Fehler frühzeitig erkannt, so kann er eliminiert werden und wird nicht wiederholt. Und genau das ist der Ansatz des Null-Fehler-Prinzips: Mache jeden Fehler nur genau ein einziges Mal, wiederhole ihn nicht.

Was sich so einfach anhört, erfordert ein Umdenken auf allen Ebenen wie zuvor beschrieben. Vom Bauherren bis zum Nachunternehmer, von der Führungskraft bis hin zum Mitarbeiter.

Monkey business

Sicherlich, Lean Construction und BIM sind Themen, die Ihre Mitarbeiter zu Kreativität und Ideenreichtum führen können. Doch nicht alles, was als Idee aufkommt, ist auch wirklich erreichbar. Sie alle kennen sicherlich den Begriff des „monkey business".

Wenn Sie nicht aufmerksam sind, werden BIM und Lean Construction zu dem, was man umgangssprachlich monkey business nennt.

Dabei kommt es häufig zur Verschwendung von Zeit und Energie in unnötige Projekte. Oder Projekte, die zwar grundsätzlich richtig und wichtig sind, deren Umsetzung nur einen anderen Zeitpunkt erfordert. Behalten Sie Ihre primären Ziele im Auge.

> **BEISPIEL**
>
> Wenn Sie sich also zum Ziel gesetzt haben, anhand von BIM-Modellen Bauablaufvisualisierungen erstellen zu wollen, ist es nicht zwingend erforderlich, direkt über die Erstellung von sogenannten „as-built"-Modellen nachzudenken. Klar haben Ihre Mitarbeiter oder Kollegen gegebenenfalls die Idee, dies umsetzen zu wollen, doch besitzen sie auch die Fähigkeit, die digitalen Technologien und die fachliche Kompetenz, um dieses Ziel direkt zu erreichen?

Monkey business ist aber auch die Rückdelegation von Aufgaben. Wahrscheinlich hat das jeder von Ihnen schon mal erlebt. Ein Kollege oder Mitarbeiter, mit einer Aufgabe betraut, kommt zu Ihnen und vermittelt Ihnen den Eindruck, die Aufgabe sei ja viel besser durch Sie zu erledigen. Auf Grund Ihrer Erfahrung und Kompetenz natürlich. In Wirklichkeit zeigt sich hier eine der acht Verschwendungsarten von Lean: Mangelndes Fachwissen der Mitarbeiter.

Hier sind Sie gefordert, denn die Implementierung von BIM und Lean Construction verlangt, dass Sie Ihre Mitarbeiter befähigen, die ihnen im Rahmen der Implementierung zugeteilten Aufgaben und Ziele auch zu erreichen.

Geben Sie also monkey business keine Chance. Am Ende werden es Ihnen Ihre Mitarbeiter danken. Denn dadurch, dass Sie ihnen die Lösung der Herausforderungen überlassen, werden die Mitarbeiter und Kollegen zusätzlich motiviert.

Achten Sie gleichzeitig darauf, Ihr Augenmerk auf die Implementierung zu richten und die Zügel nicht vollständig aus der Hand zu geben. Vereinbaren Sie klar definierte Ziele und lassen Sie sich regelmäßig über den Stand informieren. Beachten Sie nach Möglichkeit, dass Informieren nicht gleichzusetzen ist mit Kontrollieren.

Digitale Technologie, Software und Schulungen

Klar ist, dass die Einführung von BIM und Lean Construction sich nicht ohne den Einsatz von digitalen Technologien und gegebenenfalls neuen Softwarepaketen umsetzen lässt. Und dies sollte in der Regel mit entsprechenden Schulungen einhergehen. Autodidaktisch können sich da nur die Wenigsten sinnvoll und effizient helfen.

Sie alle kennen sicherlich folgende Geschichte:

Ein Waldarbeiter sägt mühsam einen großen Stapel Holz und kommt nur langsam und angestrengt voran. Fußgänger kommen am Wegesrand vorbei und beobachten den Holzarbeiter eine Weile. Schwitzend flucht und schimpft er. Die Passanten fragen ihn, warum er denn nicht zuerst seine Säge schärft. Der Holzarbeiter schüttelt entrüstet den Kopf und sagt: „Sehen Sie nicht die viele Arbeit. Ich habe keine Zeit, die Säge zu schärfen. Ich muss sägen!“[24]

Es ist viel effektiver, Mitarbeiter einen Tag über Ziele, Visionen, Ideen, Zielgruppen, oder auch Software-Schulungen nachdenken zu lassen, als ständig im Hamsterrad Zeit und Energie zu verschwenden. Investition in Software-Schulungen und die Vermittlung von Fachwissen zu den Themen BIM und

24 Stephen Covey, „Die 7 Wege zur Effektivität“ und „Schnelligkeit durch Vertrauen“.

Lean Construction erhöht die Effizienz und schont die Mitarbeiter. Der Satz, „die Mitarbeiter sind das Wertvollste im Unternehmen", darf nicht zur Phrase verkommen, sondern muss vielmehr auch gelebt werden.

Es gilt vor allem der Grundsatz: Versuche zuerst, deinen Mitarbeiter zu verstehen, damit Du dann auch verstanden wirst. Schulungen und Seminare stellen für viele Mitarbeiter eine nicht zu unterschätzende Herausforderung dar. Dies umso mehr, da die dafür aufgewendete Zeit in Bezug auf das Tagesgeschäft auch von vielen Vorgesetzten als unproduktiv eingeschätzt wird. Dies übt einen nicht unerheblichen Druck auf die Beteiligten aus. Insofern wird es wichtig sein, ein gesundes Maß an Veränderungen, und den damit einhergehenden Schulungen, festzulegen.

Dabei hat es sich für mich als erfolgversprechend herausgestellt, nach dem Grundsatz „So viel wie nötig, so wenig wie möglich" zu verfahren. Denn dem Mitarbeiter ist nicht damit geholfen, wenn er durch eine Flut von Schulungen keine Gelegenheit bekommt, das Erlernte anzuwenden.

Sowohl für BIM als auch Lean Construction gilt dabei, dass „Training on the job" die größten Aussichten auf Erfolg birgt. Der direkte Einsatz des Erlernten gibt so den Mitarbeitern schnell das, was sie benötigen, um die Veränderung zu akzeptieren: den Mehrwert. Es gibt keine größere Triebfeder, Veränderungen zu akzeptieren oder voranzutreiben, als wenn diese zu einem Mehrwert für den Mitarbeiter selbst führt.

Aktives Bottom-Up und passives Drilldown

Lean Construction und BIM setzen voraus, dass die Menschen hin zu einem eigenverantwortlichen, selbstständigen Arbeiten bewegt werden. Letztendlich resultiert diese veränderte Arbeitskultur in dem, was nachfolgend als aktives Bottom-Up bezeichnet wird.

Dabei sind die Verantwortlichen in ihren Bereichen dazu aufgefordert, aktiv auftretende Behinderungen in die nächste Hierarchiestufe zu melden. Dies vor allem dann, wenn sie selbst nicht mehr in der Lage dazu sind, die Behinderung mit eigenen oder ihnen zur Verfügung stehenden Mitteln zu lösen. Dies wird insbesondere dann der Fall sein, wenn die zu erledigenden Aufgaben in Abhängigkeit zu Dritten stehen und hier keine Weisungsbefugnis besteht oder die Einflussnahme stark eingeschränkt ist. In der Regel wird dies über die direkte Kommunikation mit der nächsten Hierarchiestufe erfolgen. Ebenso kann dies alternativ über ein digitales Kanban-Board realisiert werden.

Abbildung 36: Projektmanagement, Drilldown und Bottom-Up

Der Vorteil der digitalen Lösung besteht mit Sicherheit darin, dass sich bei entsprechender technischer Umsetzung des digitalen Kanban-Boards die Möglichkeit des passiven Drilldowns eröffnet. Dabei kann sich die übergeordnete Hierarchiestufe bis nach unten zu den operativen Aufgaben „durchbohren" und sich detailliert die Gründe einer Behinderung oder Störung anzeigen lassen. Drilldown (oder Drill-Down) bezeichnet hier also die Navigation in hierarchischen Daten.

Von den übergeordneten Hierarchiestufen aus betrachtet, bedeutet dies eine erhebliche Vereinfachung des Projekt-Controllings.

Wird parallel eine standardisierte Kommunikation und die oben beschriebene Fehlerkultur etabliert, ist ein Großteil des Weges zum gemeinsamen Projekterfolg geebnet.

Dieser Ansatz lässt sich zum Beispiel auch in der Planung eines Projektes verwenden. So kann zum einen der BIM-Autor eine ausstehende Entscheidung nach oben eskalieren und der BIM-Koordinator sich hin zu einem Problem leiten lassen. Das Austauschformat, das sich hier sinnvollerweise in Kombination mit einem solchen digitalen Kanban-Board verwenden lässt, ist das Open BIM Collaboration Format (BCF).

Das Open BIM Kollaboration Format ist ein auf den Industrial Foundation Classes (IFC) basierendes Datenaustauschformat zum vereinfachten Austausch von Informationen während des Arbeitsprozess zwischen verschiedenen Softwareprodukten. Es ermöglicht eine modellbasierte Kommunikation zwischen verschiedenen Anwendern und informiert über Status, Ort, Blickrichtung, Bauteil, Bemerkung, Anwender und Zeitpunkt im IFC-Datenmodell.[25]

Big Room und Obeya

In unserer von Technologie und Innovation geprägten Welt werden sich Werkzeuge und Prozesse kontinuierlich weiterentwickeln, die der Steigerung unserer Effizienz, Produktivität und Kommunikation dienen. Begriffe wie „Flat World" oder „Internet oft things" (IoT) sind keine vagen Visionen mehr, vielmehr beschäftigen sich inzwischen ganze Geschäftsbereiche genau mit diesen Themen. Die Entwicklung wird kontinuierlich vorangetrieben. Kommunikation und Zusammenarbeit müssen dieser Entwicklung folgen und daher ständig verbessert werden.

Bauprojekte werden zukünftig immer weniger auf das Wissen von lokalen Spezialisten oder Branchenspezialisten angewiesen sein, da sich immer mehr Wissen aus dem kollektiven Wissen des Internet speisen wird. Die Information wird damit in ihrer Bedeutung immer weiterwachsen. Einer kollaborative Umgebung mit zusammenhängenden Teams können dabei jederzeit auf dieses Wissen zugreifen. Dabei folgen sie dem Ansatz „Data – Information – Knowledge – Action – Information" (DIKAI©, vgl. Kapitel „Alles nur Information, oder?").

Aus heutiger Sicht mag es noch sinnvoll erscheinen, lokale Planer und Ausführende zur Umsetzung des Bauprojektes an einem definierten Standort auszuwählen und zu beauftragen. In Zukunft wird dies nur noch untergeordnet eine Rolle spielen, da explizites Wissen zunehmend überall und immer verfügbar ist. Heutzutage ist es zielführender, für den Neubau eines Krankenhauses Spezialisten für Krankenhausbau zu engagieren, als einen Planer vor Ort, der sich bisher noch nie mit Krankenhäusern beschäftigt hat. Daraus resultiert, dass eine Umgebung geschaffen werden muss, die ein Höchstmaß an Interaktion, Transaktion und klassifizierter Kommunikation zwischen den Projektbeteiligten ermöglicht.

Zwar werden oftmals Büroräume oder Container am Projektstandort des Bauvorhabens zur Verfügung gestellt, doch sind diese für sich genommen wenig dazu geeignet, die Zusammenarbeit der Planer und Ausführenden in Verbindung mit dem Bauherrn zu fördern.

Kann hier nicht auf bewährte Prinzipien aus dem Sport zurückgegriffen werden? Ein Umkleideraum beim Fußball beispielsweise bringt alle Mannschaftsmitglieder vor dem Spiel zusammen und ermöglicht so eine transparente Vermittlung der geplanten Strategie, der Rollen und der eigentlichen Zielsetzung.

25 buildingSMART, http://www.buildingsmart.de/bim-knowhow/standards.

Überlegungen wie diese führen unweigerlich zu Methoden wie „Big Room“ oder „Obeya“. Wie ein Fußballteam können so alle Baubeteiligten eine Strategie und Prozesse entwickeln, um das Bauprojekt unter Einsatz einer gemeinsamen Kultur, Philosophie und Zielsetzung erfolgreich umzusetzen.

Grundsätzlich lassen sich Big Room und Obeya sicherlich auch virtuell einrichten. Jedoch hat die Erfahrung gezeigt, dass der persönliche Austausch gewährleistet sein sollte. Insbesondere die Steuerung auf der Baustelle mit der persönlichen Ansprache, der Austausch der Gewerke untereinander und das „Stecken“ der Karten mit der einhergehenden Zusage sind in Verbindung mit der gelebten Transparenz ein maßgeblicher Grundstein für gelebte Lean Construction.

Die Frage, ob ein analoges oder digitales Kanban-Board zum Einsatz kommt, ist eher philosophisch. Langfristig gesehen, bietet die Einführung eines digitalen Kanban-Boards jedoch große Potenziale, die zur Entlastung aller Projektbeteiligten führen werden.

Big Room

Das Zusammenführen der Baubeteiligten in einem Big Room fördert die Kollaboration ebenso wie Brainstorming und Innovation. Die einzelnen Planer und Ausführenden können dabei in dem Big Room in verschiedenen Gruppen je nach Phase zusammengesetzt werden, um die Effizienz noch zu steigern.

Diese Gruppen betrachten verschiedene Aspekte des Projekts, wie beispielsweise die Baustelle, Objektplanung, TGA, Tragwerk, Fassade, Innenausbau etc. Diese werden möglichst früh zusammengesetzt, um die APA zu validieren und Herausforderungen zu bewältigen. Jede dieser Gruppen wird mit der Erarbeitung von Lösungen beauftragt, um Termine, Qualität und Kosten im Sinne des Projekterfolges zu maximieren.

Dadurch, dass die Planer, Ausführenden und Lieferanten früh in diesem Big Room zur Entwicklung des Projektes zusammengebracht werden, lässt sich vor allem vermeidbare Doppel- bzw. Mehrfacharbeit eliminieren.

BEISPIEL

Bisher plant der Architekt oftmals aufwendig Details, die dann später durch den Ausführenden im Rahmen der Werk- und Montageplanung entweder neu gemacht oder geändert werden. Ist es da nicht sinnvoller, die Beteiligten frühzeitig in einem Raum zu bringen, damit diese gemeinsam die Detaillösung erarbeiten? Dies würde maßgeblich zur Effizienzsteigerung bei der Abwicklung von Bauprojekten beitragen.

Im Big Room werden die Mitarbeiter nicht nach Firmenzugehörigkeit, sondern nach Planungs- und Produktionsteams zusammengestellt. So sitzen beispielsweise die Mitarbeiter unterschiedlicher Firmen mit dem Fokus TGA zusammen und erarbeiten gemeinsam ihre Lösung.

Durch die Verwendung der Bauwerks-Informations-Modelle im Big Room wird der Informations- und Wissensaustausch durch 3D- und 4D-Visualisierungen unterstützt und deutlich verbessert. Essenziell ist dabei das Informationsmanagement. Dabei gilt es, die Frage zu beantworten, wer muss wann welche Information wie zur Verfügung gestellt bekommen, damit er seine Aufgaben erledigen bzw. Prozessschritte ausführen kann.

Im Vorfeld ist es sicherlich von Nutzen, wenn die Interaktionen und deren Häufigkeit zwischen den Baubeteiligten analysiert werden bzw. bekannt sind. So lässt sich sehr viel besser der Informationsfluss steuern. Hilfreich dabei ist die unten beschriebene Pull-Planung.

Besprechungen

Alle Besprechungen und Interaktionen finden in dem gemeinsamen Big Room statt, so dass die transparente Kommunikation gewährleistet und der Entwicklungsstand des Projektes jedem ersichtlich ist. Durch die Verwendung des Bauwerks-Informations-Modells ist zusätzlich ein Austausch der Probleme beispielsweise über das BIM Collaboration Format (BCF) möglich und vereinfacht so weiter das gemeinsame Vorgehen.

Wichtig ist es, die Besprechungen gut vorzubereiten. Nicht jeder hat die Zeit, um an langen Besprechungen teilzunehmen. Daher bietet es sich an, mittels einer Agenda die Teilnehmer zu spezifischen Themen einzuladen und teilnehmen zu lassen. Insbesondere gilt es, den Mitarbeitern die Möglichkeit zum Arbeiten zu geben. Durch Besprechungen alleine erledigen sich die anstehenden Aufgaben nicht von alleine.

Zusätzlich wird ein Besprechungs-Rhythmus angesetzt, der auf täglicher Basis ebenfalls die offene und kollaborative Kommunikation zwischen den Beteiligten ermöglicht. Die Besprechungen mit der Bauherren-Sphäre finden ebenfalls im Big Room statt.

Oberflächlich betrachtet klingt dies wie Integrated Project Delivery (IPD). Allerdings erfordert der Big Room keine aufwendigen, integralen Vereinbarungen. Er nutzt die gemeinsame Kultur, Philosophie und Zielsetzung zur Erreichung des zuvor definierten Projekterfolges ohne Vertrag.

Bewährt hat sich ein Treffen der Teamleiter am Anfang der Woche. Dieses Treffen dient der Strukturierung der Ziele und Aktivitäten der anstehenden Woche.

So können die Gruppenleiter über ihre Fortschritte berichten und ihre Vorgehensweise für die kommende Woche teilen. Dabei ist es zwingend erforderlich, dass jeder Einzelne dieser Besprechung versteht, wie sich die Arbeit seines Teams in das Gesamtbild des Bauprojektes einfügt. Nur so lässt sich eine entsprechende Effizienz erreichen.

Nach diesem Treffen teilen die Gruppenleiter ihr so gewonnenes Wissen mit ihren Teams und halten diese so hinsichtlich der Gesamtentwicklung auf dem Laufenden. Diese Teambesprechungen sollten 10 bis 15 Minuten nicht überschreiten.

Am Ende jeder Woche wird eine Besprechung durchgeführt, bei der jedes Team die Ergebnisse seiner Wochenleistung und bestehende Hindernisse vorstellt. Im Idealfall werden diese Ergebnisse dann auch mit den APA auf Ihre Kompatibilität hin überprüft und dem Auftraggeber vorgestellt.

Pull-Planung

Eine Methode, die im Big Room angewandt wird, ist die „Pull-Planung“. Eine Pull-Planung beschreibt alle Prozesse eines Bauprojektes, um eine globale Sicht auf alle Teilprozesse zu ermöglichen. Es werden Meilensteine festgesetzt und unter Verwendung der rückwärtsgewandten Planung Terminschienen festgelegt.

Diese Art der Vorgehensweise ist zunächst eine große Herausforderung, führt in der Folge und nach einer gewissen Eingewöhnungsphase zur Vermeidung von Verschwendung in den so geplanten Prozessen und Teilprozessen. Mit dem auf Meilenstein basierenden Zeitplan und einer Pull-Planung arbeiten sich die Teams durch die Prozesse und die damit verbundenen Aufgaben.

A3-Methode

Die Verwendung der A3-Methode zur Problemlösung und Entscheidungsfindung hat sich in einem Big Room ebenfalls bewährt. Ein A3 ist eine Lean-Methode und basiert auf einer gründlichen Analyse eines aktuellen Problems. Mittels der Darstellung eines Problems auf einer A3-Seite wird dieses für jedes Mitglied des gesamten Teams transparent gemacht und ist so einfacher durch das Team zu lösen. Werden die A3-Blätter an den Wänden des Big Rooms veröffentlicht, ist dieses eine sehr gute Möglichkeit, auch Team übergreifend eine fokussierte Zusammenarbeit zu ermöglichen. Der Mehrwert stellt sich zum Beispiel bei der Analyse verschiedener Baustoffe dar. So lassen sich die Vor- und Nachteile beispielsweise zwischen einer Pfosten-Riegel-Fassade und einem Verblendmauerwerk sehr viel einfacher mit der A3-Methode visualisieren und damit abgrenzen.

Tabelle 3: Beispiel eines A3-Problemlösungs-Blattes in Excel

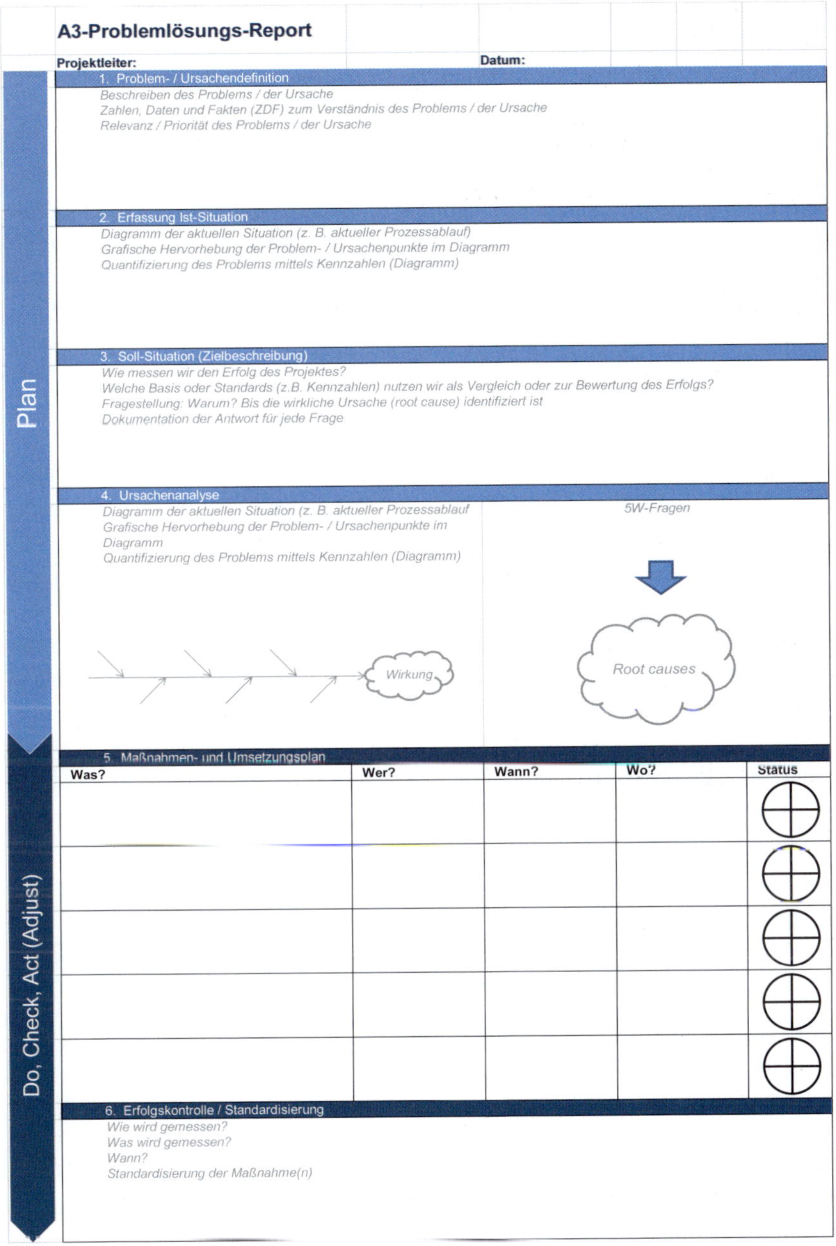

A3-Problemlösungs-Report

Projektleiter: **Datum:**

Plan

1. Problem- / Ursachendefinition

Beschreiben des Problems / der Ursache
Zahlen, Daten und Fakten (ZDF) zum Verständnis des Problems / der Ursache
Relevanz / Priorität des Problems / der Ursache

2. Erfassung Ist-Situation

Diagramm der aktuellen Situation (z. B. aktueller Prozessablauf)
Grafische Hervorhebung der Problem- / Ursachenpunkte im Diagramm
Quantifizierung des Problems mittels Kennzahlen (Diagramm)

3. Soll-Situation (Zielbeschreibung)

Wie messen wir den Erfolg des Projektes?
Welche Basis oder Standards (z.B. Kennzahlen) nutzen wir als Vergleich oder zur Bewertung des Erfolgs?
Fragestellung: Warum? Bis die wirkliche Ursache (root cause) identifiziert ist
Dokumentation der Antwort für jede Frage

4. Ursachenanalyse

Diagramm der aktuellen Situation (z. B. aktueller Prozessablauf
Grafische Hervorhebung der Problem- / Ursachenpunkte im Diagramm
Quantifizierung des Problems mittels Kennzahlen (Diagramm)

5W-Fragen

Wirkung

Root causes

Do, Check, Act (Adjust)

5. Maßnahmen- und Umsetzungsplan

Was?	Wer?	Wann?	Wo?	Status

6. Erfolgskontrolle / Standardisierung

Wie wird gemessen?
Was wird gemessen?
Wann?
Standardisierung der Maßnahme(n)

Die so gewonnenen Ergebnisse und damit Entwicklungsschritte werden den anderen Teams damit transparent gemacht, so dass diese gegebenenfalls auf die veränderten Rahmenbedingungen reagieren können. Ebenso sind die Teams dazu in der Lage, vor der endgültigen Entscheidungsfindung selber an der Problemlösung mitzuwirken und so die Entscheidung zu beeinflussen.

Virtueller Big Room

Auf Grund der technologischen Entwicklung ist es auch denkbar, dass es keinen physischen Big Room mehr geben muss. Dieser kann, bei entsprechendem Vorhandensein von digitaler Technologie bei allen Baubeteiligten auch virtuell ausgestaltet sein. Dies dürfte aber derzeit noch eher die Ausnahme darstellen, da nicht immer sichergestellt ist, dass alle Baubeteiligten über dieselben technologischen Voraussetzungen verfügen.

Gestaltung des Big Rooms

Der Big Room kann als physische Präsenz oder in virtueller Form etabliert werden. Für die erstmalige Anwendung eines Big Rooms hat sich die physische Ausgestaltung eines Big Rooms bewährt.

Der Big Room wird technologisch so ausgestaltet, dass die verwendeten Systeme miteinander harmonisieren, kompatibel zueinander sind und den Anforderungen der Anwender entsprechen. Wichtig im Big Room ist der Informationsaustausch. Dazu ist es erforderlich, das Austauschformat der Informationen vorher festzulegen.

In der Regel wird ein einzelner „großer Raum“ nicht ausreichen. Daher sind nebenher noch kleinere Räume vorzusehen, in denen die Besprechungen abgehalten und beispielsweise Telefonate oder Web-Konferenzen geführt werden, ohne die anderen Projektmitglieder zu stören.

Üblicherweise ist ein Big Room mit Tischen ausgestattet, die in U- oder Hufeisen-Form um ein oder mehrere Smartboards angeordnet sind. Hinzu kommt die dem Projekt entsprechende Hard- und Software.

Potenziale

- Stärkung der Kollaboration
- Frühe Entscheidungsfindung
- Förderung des Informationsflusses
- Förderung der BIM-Arbeitsweise
- Respektvoller Umgang der Baubeteiligten
- Transparenz des Bau-Solls wird allen bekannt

Risiken

- „Großraumbüros“ werden nicht von allen als förderlich empfunden
- Entfallende Nachhaltigkeit aufgrund mangelnden Informationsflusses
- Zu viele Besprechungen auf Grund mangelnder Besprechungsvorbereitung

Obeya

Obeya (japanisch für „großer Raum“ oder „war room“) bezeichnet ursprünglich eine Form des Projektmanagements bei Toyota und findet seinen Ursprung im Toyota-Produktionssystem. Heute findet Obeya sich im Lean Management oder Lean Production seine Anwendung. Vor einer Einrichtung des Obeya sollte die Anwendung unter Lean Construction für jedes Projekt geprüft werden.

Unter Lean Constrution ist Obeya die Definition für einen Projektraum, in dem die Ziele/Zielsetzung, Projektlaufzeiten, Problemlösungen und weitere Lean-Methoden abgestimmt und festgelegt werden. Weiterhin wird hier täglich der aktuelle Status überprüft und aktualisiert. Weiterhin sind während der Produkt- und Prozessentwicklung alle an der Planung und Ausführung beteiligten Personen versammelt, um ein Höchstmaß an Kollaboration mit sehr kurzen Entscheidungswegen zu realisieren. Somit entfallen die klassischen Schnittstellenprobleme, die sich durch das „Disziplin- und Gewerkedenken“ im Laufe der Zeit entwickelt haben. Eine Erweiterung des Teamgeistes auf administrativer Ebene ist möglich.

Obeya bringt alle Beteiligten in einen Raum, um die Prozesse gemeinsam zu planen sowie Probleme zu lösen und Verbesserungspotenziale gemeinsam umzusetzen. Das Prinzip fördert die Lean-Kultur und schafft eine kooperative Teamatmosphäre bei Bauprojekten.

In definierten zyklischen Abständen sind alle Beteiligten in einem Obeya untergebracht. Dadurch werden die Kollaboration unterstützt und die Entscheidungswege deutlich verkürzt. Daher entfällt das individuelle Disziplin- und Gewerkedenken.

Oftmals müssen während der Planung oder Ausführung bestehende Prozesse verändert werden, um der kontinuierlichen Verbesserung nachzukommen. Diese Veränderungen betreffen in der Regel oder einen Großteil der Baubeteiligten. Diese müssen dann die veränderten Prozesse für ihre Disziplin oder ihr Gewerk integrieren. Im Obeya ist es möglich, über spezifische Probleme und Hindernisse der Veränderung gemeinsam zu diskutieren und die Planungs- und Ausführungsteams für den Austausch der Prozesse vorzubereiten.

Dabei kann der Obeya grundsätzlich von allen Beteiligten der Bauherrensphäre, Planersphäre, Ausführungssphäre, Gutachter-/Beratersphäre genutzt werden.

Prinzipiell sollte der Obeya folgenden Punkten folgen:

Prozessfokus

Im Vordergrund steht die Kundenzufriedenheit. Der Obeya dient vor allem zur immer wiederkehrenden Fokussierung auf den Kunden, seine Anforderungen und vor allem seine Zufriedenheit. Die mit der Produktrealisierung im Kontext stehenden Prozesse werden auf diesen Fokus ausgerichtet und optimiert. Die Funktionalität darf dabei nicht ignoriert werden, spielt jedoch eine untergeordnete Rolle.

Lean-Routinen und standardisierte Problemlösungsrhythmen

Tägliche, wöchentliche sowie monatliche Routinen ermöglichen frühe Problemerkennung sowie eine Stabilität der Prozesse.

Visuelle Kontrolle

Die Kennwerte und Verbesserungen sowie die anstehenden Prozesse und Prozessschritte sollten hinreichend visualisiert werden. Damit wird die Komplexität reduziert und ein gemeinsames, vereinheitlichtes Verständnis erreicht.

Disziplin

Die Teilnahme aller relevanten Baubeteiligten ermöglicht eine kollaborative und integrale kontinuierliche Verbesserungskultur.

Kundenbeschwerden

Eine Kundenbeschwerde erhält den Fokus auf das aufrecht, was wichtig sein sollte: den Kunden. Die Analyse, was den Kunden dazu veranlasst hat, eine Kundenbeschwerde vorzutragen, steht dabei im Vordergrund, nicht die Beseitigung der Mängel. Die Kundenbeschwerde ist ein Hinweis darauf, dass unsere Leistung oder Dienstleistung unzureichend war und die Kundenzufriedenheit nicht gegeben ist. Gleichzeitig ist die Kundenbeschwerde die Möglichkeit, die Prozesse zu verbessern. Und im Rahmen des Obeya gibt uns die Kundenbeschwerde die Möglichkeit, so zu denken wie der Kunde.

Gestaltung des Obeya

Ein Obeya kann individuell den Projekterfordernissen entsprechend gestaltet werden. Im Obeya befinden sich alle benötigten Projektinformationen, welche

Prozess- und Produktionsschritte anstehen, derzeit in Bearbeitung oder bereits erledigt sind. Es sollte ein Regelkreis entstehen, bei dem die Beteiligten je nach Besprechung eine Routine durchlaufen. Demnach lässt sich ein Obeya wie folgt gestalten:

- Standards
  - Terminpläne
  - Organisation
  - Prozessanalysen
  - Prozessplanungen
  - Kundenbeschwerden
- Organisation
  - Taktsteuerungstafel
- Kennzahlen
  - Bewertungssysteme
  - Kundenzufriedenheit
  - Anteil eingehaltener Zusagen (AEZ)
- Kontinuierliche Verbesserung
  - Ergebnisse aus Waste Walks, Aktionslisten, PDCA-Zyklus
- Kommunikation
  - Projektrelevante allgemeine und individuelle Nachrichten
  - Rettungswege
  - Sicherheitsbeauftragte

Potenziale

- Stärkung der Kollaboration
- Wahrnehmung von Kundenbeschwerden, frühe Problemerkennung
- Steigerung der Stabilität
- Förderung der Lean-Kultur
- Respektvoller Umgang der Baubeteiligten
- Transparenz

Risiken

- Zu viele Besprechungen im Obeya können als negativ von den Beteiligten empfunden werden
- Entfallende Nachhaltigkeit aufgrund mangelnder Disziplin

Nachbemerkungen und Ausblick

Ein Buch wie dieses kann dann selbstverständlich nicht auf einen Ausblick auf weitere mögliche Entwicklungen verzichten. Daher werden nachfolgend exemplarisch einige ausgewählte Ideen vorgestellt. Diese Auflistung stellt keinen Anspruch auf Vollständigkeit, vielmehr stellen sie nur eine Anregung dar. Bitte beachten Sie dabei, dass CIMPAN© eine Idee des Buchautors ist.

CIMPAN© – collaboratives, integratives, modellbasiertes Projekt- und Liegenschafts-Management[26]

Das kollaborative, integrale, modellbasierte Projekt- und Liegenschaftsmanagement ist ein Managementansatz zur Abwicklung von Bauwerksprodukten. Dabei orientiert sich dieser Ansatz an der Kollaboration der Baubeteiligten ebenso wie an einer integralen, auf Modellen basierenden Arbeitsmethode. Dabei kommt dieser in allen Bauphasen zur Anwendung und ist generell für jegliches Bauprojekt einsetzbar. Besonders Bauprojekte mit vielen voneinander abhängigen Teilleistungen werden von diesem Managementansatz profitieren.

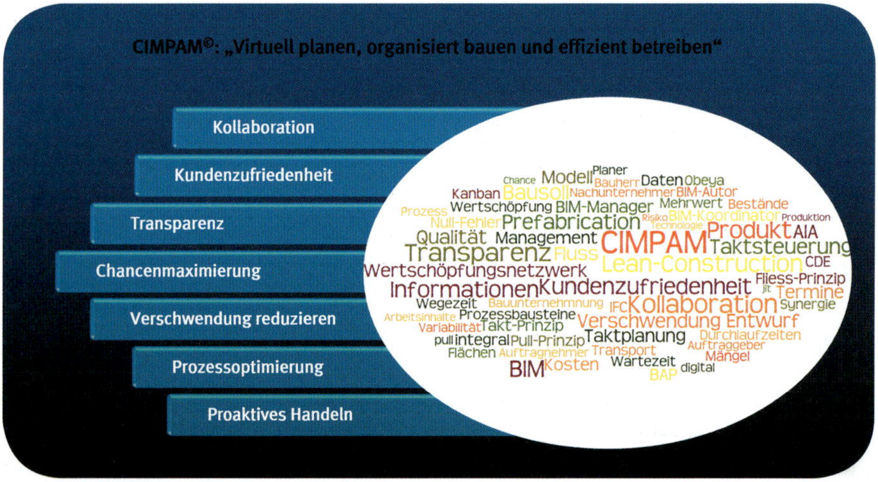

Abbildung 37: Workflow der kollaborativen, integrativen, modellbasierten Projektabwicklung

26 CIMPAN = collaborative integrated modelbased project and asset management, © Samy Kröger.

Das wesentliche Kernelement von CIMPAN ist die proaktive Prozessgestaltung durch die Baubeteiligten unter Berücksichtigung der Kollaboration über den gesamten Lebenszyklus eines Bauprojektes hinweg. Entscheidend dabei ist, dass sich die Zusammenarbeit nicht mehr auf die Projektleitung beschränkt, sondern sich auf alle relevanten Personen, die am Bauprozess Steuerungsfunktion haben, erstreckt. Somit sind beispielsweise in der Ausführungsphase Poliere und Gewerke-Vorarbeiter, im Planungsprozess entsprechend die Fachplaner und Leiter der Disziplinen mit einzubinden. Die gemeinsame Prozessplanung zielt darauf ab, das implizite Wissen der Experten systematisch zum richtigen Zeitpunkt einzubringen (Pull-Prinzip), Transparenz und Verständnis für erforderliche Arbeitsschritte zu schaffen und aus Abhängigkeiten resultierende Konflikte frühzeitig aufzulösen. Gleichzeitig soll versucht werden, das zuvor genannte implizite Wissen in explizites umzuwandeln und in eine Wissensdatenbank einfließen zu lassen.

Das kollaborative, integrative, modellbasierte Projekt- und Liegenschaftsmanagement führt dazu, dass sich die Schnittstellenrisiken deutlich reduzieren, durchgängige und konsistente Daten bereitgestellt und genutzt werden. Damit wird die Planungspräzision erhöht und die Berechenbarkeit von Bauprojekten wiederhergestellt. Des Weiteren ist es möglich, frühzeitig Hemmnisse, Hindernisse sowie Störungen zu erkennen und diese gegebenenfalls auszuräumen.

Track and Trace – Traceability

Planer und ausführende Unternehmen haben derzeit ähnliche Probleme: Wettbewerbs- und Kostendruck, komplexe Regulierungen, steigende Rohstoffpreise sowie das Erfordernis einer immer schnelleren Produktion. Und die Bauherren erwarten nicht zuletzt immer häufiger komplexere Bauwerke mit wachsenden Anforderungen an beispielsweise die Energieeffizienz. Um den Überblick über die eigene Leistung im Blick zu behalten, leistet die Track-and-Trace-Technology wertvolle Unterstützung.

Dabei ist zu berücksichtigen, dass die Planer und ausführenden Unternehmen immer höhere Durchlaufzeiten gewährleisten müssen, um mehr Zeit und damit Kosten zu sparen. Gleichzeitig müssen sie immer mehr Gesetzesvorgaben und Richtlinien beachten. Um die innerbetrieblichen Abläufe zielgerichtet auf stetig wandelnde Anforderungen auszurichten, braucht es erst einmal einen Überblick über das Werksgeschehen. Was trivial klingen mag, steht bei Planern und Unternehmen noch allenfalls in den Kinderschuhen. Bei solchen Vorhaben können Track-and-Trace-Ansätze helfen, indem sich beispielsweise Planungsaufgaben und Materialbewegungen strukturieren und kontinuierlich erfassen lassen. Durch Barcodes und Sensoren miteinander vernetzte Elemente können untereinander ebenso Daten austauschen wie mit dem „Backoffice“. Das ist wichtig für die Planung und Fertigung, denn nur so kann die zuvor beschriebene Just in Time Lieferung aufrechterhalten werden.

In einer vernetzten Fertigung/Produktion sind für den reibungslosen und fehlerfreien Wertschöpfungsprozess zuverlässige Produktionslogistikprozesse ausschlaggebend. Die Anforderungen steigen stetig an, denn die Stückzahl- und Variantenflexibilität steigt weiter, dadurch werden Engpässe und Belieferungsfehler immer wahrscheinlicher. Kommt Lean Construction zum Einsatz, sind zwangsläufig die Material- und Teilebewegungen transparent zu gestalten. Damit verwandeln sich BIM-Modelle in Cyber-Physische-Systeme (CPS) und sind somit eine digital-technologische Basis für dynamische Logistiksteuerung.

Vorgefertigte Produkte durchlaufen dabei komplexe Transport-, Fertigungs- und Montageschritte. Unter Lean Construction ist es zur Steuerung der Fertigungsprozesse wichtig, den Aufenthaltsort von Material, Baugruppen oder endmontierten Produkten zu kennen.

Die CPS helfen bei der Errichtung eines Bauwerks, die vorgefertigten Produkte zu erfassen, zeigen den aktuellen Status sowie Aufenthaltsort und geben Prognosen des weiteren Verlaufs über das Produkt an.

Traceability ermöglicht uns eine vollständige Transparenz in Bezug auf die Bauteile in dem Fertigungsprozess, inklusive vor- und nachgelagerten Produktionslogistikprozessen. Die CPS ermöglichen einen permanenten Inventur-, Bestandsführungs- und Buchungsprozess.

Für Lean Construction ein eminenter Vorteil, können doch zum Beispiel Versorgungsengpässe frühzeitig erkannt werden. Nach dem Pull-Prinzip können so Bestände, Transportmengen und Transportziel angepasst werden.

Über die Bauwerks-Informations-Modelle werden die Projektmitglieder über mobile Endgeräte auf allen Prozessebenen der Logistik und der Ausführung auf dem Laufenden gehalten.[27]

27 Vgl. Forschungsunion Wirtschaft und Wissenschaft, Promotorengruppe KOMMUNIKATION Prof. Dr. Henning Kagermann, acatech (Sprecher der Promotorengruppe) Wolfgang Wahlster, DFKI, Johannes Helbig, Deutsche Post DHL, Thomas Weber, Daimler AG, Michael Wetzel, Daimler AG, Abschlussbericht des Arbeitskreises Industrie 4.0 Vorabversion Berlin 2. Oktober 2012, Seite 64.

Digitale Logistikketten

Eine digitale Logistikkette liefert mehr als Geschwindigkeit und Effizienz. Wenn die Logistikkette digitalisiert wird, können Planer und ausführende Unternehmen kundenorientierter arbeiten, dem Kunden individuellere Produkte anbieten und Ressourcenmangel sowie Fehlproduktion vermeiden. Das Internet der Dinge und die Mehrwerte der digitalen Transformation verbinden Menschen, Produkte und Anlagen miteinander. So schafft sie die Lösung für Probleme, die das Bauwesen Jahrzehnte lang vor Herausforderungen gestellt haben.

Lückenhafte Zusammenarbeit zwischen den Baubeteiligten erschwert seit jeher das Management von Bauprojekten. Gleichzeitig klagen aber eben die Baubeteiligten über die Schwachstellen in der Logistikkette. Das Internet of Things (IoT) in Verbindung mit einer digitalen Logistikkette kann zukünftig die Basis für Zusammenarbeit und Transparenz schaffen, die nicht nur bei den Ausführenden und Planern, sondern auch den Bauherren dringend benötigt wird. Durch virtuelle Modelle und die durch Echtzeitdaten gesteuerten Nachfragenetzwerke, können Planer und Ausführende die Bedürfnisse der Bauherren besser verstehen, ein personalisiertes Kundenerlebnis entwickeln, verantwortungsvoller mit Ressourcen umgehen und Fehlproduktion verhindern. Daraus lässt sich ableiten, dass der Bauherr als solcher zum elementaren Bestandteil der Logistikkette wird.

Auch in Hinblick auf das spätere Facility Management macht diese Logistikkette nicht Halt: Mit der entsprechenden Sensorik ausgestattet, wissen die Hersteller bzw. Servicebetriebe lange vor dem Kunden, wann die nächste Wartung einer technischen Anlage ansteht. Weitergedacht können sogar auf Basis von Messwerten Analysen durchgeführt werden, um beispielsweise den vorzeitigen Verschleiß an einem Fahrstuhl zu erkennen und ungeplante Ausfallzeiten zu vermeiden.

Digitale Werkzeuge

Die Entwicklung der digitalen Werkzeuge im Umfeld des Bauwesens schreitet mit großen Schritten voran. Davon betroffen sind nicht nur die herkömmlichen und über Jahre hinweg eingesetzten digitalen Werkzeuge wie beispielsweise CAD, ERP und CNC-Maschinen. Vielmehr ermöglicht die enorme technologische Entwicklung unter Verwendung immer schneller werdender Prozessoren, Cloud Computing und völlig neuer Materialien beispielsweise auch den Einsatz von mit KI ausgestatteten Robotern und filigranen Drohnen.

So sind bereits Roboter im Einsatz, die nicht nur 2,5-mal schneller als der Mensch mauern können, sondern die vielmehr sozusagen im Vortrieb ganze Brücken aus Metall erzeugen können. Auch der Einsatz von Drohnen wird mehr an Bedeutung gewinnen. Und dies nicht nur bei der 3D-Geländeaufnahme, sondern auch bei der Leistungserfassung auf der Baustelle. So ist es bereits heute denkbar, mit Drohnen einen Abgleich zwischen realem Bauwerk und Modell durchzuführen. Die technologische Entwicklung im Bereich des Laserscannings, der RFID, Beacons etc. wird diese Entwicklung weiter beschleunigen.

Einige Entwicklungen werden jedoch von rechtlichen Rahmenbedingungen flankiert und sind von deren Anpassung abhängig. So wird im Bereich der öffentlichen Hand eine Verwendung von Nettomengen aus dem Modell zur Abrechnung ohne eine Anpassung der VOB schlichtweg nicht möglich sein.

Generative Design

Um eine Linie zu zeichnen, benötigt man nur ein einfaches Lineal und einen Stift. Um einen Kreis zu zeichnen, benötigt man schon ein etwas anspruchsvolleres Equipment – einen Zirkel. Geht die Planung über die beiden zuvor genannten Geometrien hinaus, sind wir ohne weitere Hilfsmittel nicht mehr ohne Weiteres in der Lage, diese abzubilden. So braucht es zur Entwicklung einer Ellipse mindestens zwei Stecknadeln, einen Bleistift und zwei Schnüre. Mit der Einführung des Computers und CAD-Software hat sich dies grundlegend geändert.

Die Darstellung der klassischen euklidischen Geometrie ist für den Computer keine wirklich große Herausforderung mehr. Vielmehr ermöglich er die Planung und Gestaltung von allen möglichen kreativen, komplexen und ausgefallenen Ideen für die verschiedensten Produkte – von Gebäuden über mechanische Bauteile bis hin zu Konsumgütern. Die über Jahrtausende existierende Grenze zur Erstellung von Zeichnungen verschwindet damit immer mehr und der Vorstellungskraft von Bauherren und Architekten kann immer mehr entsprochen werden. Dies bedeutet einen Paradigmenwechsel in der architektonischen Planung und Gestaltung.

BEISPIEL

Wunsch des Bauherrn ist es, ein Einfamilienhaus mit drei Schlafzimmern und einem großen Wohnzimmer sowie einer offenen Küche auf einem dreieckigen Grundstück zu bauen. Die bisherige Herangehensweise sieht dann vor, dass der Architekt den Lageplan nimmt und mittels der CAD-Software die Wünsche des Bauherrn in einer Planung umsetzt. Dabei schiebt er gegebenenfalls die Räume so lange auf dem Grundriss hin und her, bis ihm und dann später auch dem Bauherrn die Anordnung gefällt.

Eine andere Herangehensweise ist das computergestützte generative Design. Über beschreibende Parameter wird dem Computer vorgegeben, welche Anforderung das zu planenden Gebäude erfüllen soll. Darüber hinaus lassen sich Vorgaben machen, wie viel das Bauwerk maximal kosten darf und wie viele Varianten der Computer mir aufzeigen soll. Anhand dieser Vorgaben entwirft der Computer eigenständig eine Geometrie und Anordnungen, die diesen Parametern gerecht werden, und berücksichtigt gegebenenfalls noch bauliche Vorschriften, Normen und Richtlinien etc. Dabei ist er um ein vielfaches schneller, als es uns als Menschen jemals möglich wäre. Richtig ist, dass auch Varianten entstehen, die völlig abwegig erscheinen und den architektonischen Ansprüchen nicht gerecht werden. Denn wie jede digitale Technologie hat auch diese nicht nur Vorteile, sondern auch ihre Nachteile. Und genau hier ist dann die Kompetenz und Empathie des Architekten gefragt, der die zuvor benannten Varianten dann verwirft. Damit kann sich die ursprüngliche Iterationsphase, in der all diese Ideen entstehen, sehr viel interessanter für den Menschen gestalten.

Generatives Design wird oft fälschlicherweise verwendet, um Planungs-Prozesse zu beschreiben, die jegliche Art von Computerprogrammierung oder Skripting beinhalten. So wird oftmals der Eindruck erweckt, dass die bei diesem Ansatz verwendeten Methoden noch unzureichend und nicht ausgereift sind. Diese Position geht oft mit dem Versuch einher, generatives Design als Methode der Zukunft oder als Zukunftsmusik zu bezeichnen.

Eine derartige Sichtweise ist jedoch genau das Gegenteil von dem, wie generatives Design zu betrachten ist. Denn grundsätzlich sind alle Planungen typischerweise als generativ zu betrachten, denn sie alle folgen gewissermaßen bestimmten Regelsätzen. Sie sind nur nicht zwangsläufig computergestützt. Nachfolgend wird der Begriff „generative Design“ nur im computergestützten Kontext verwendet.

Es gibt bereits Softwareanwendungen, die ein solches Design unterstützen. Die Idee, beispielsweise eine Brücke über Parameter vom Computer optimiert entwickeln zu lassen, wurde bereits umgesetzt und ist technisch realisierbar. Damit sind die Zeiten vorüber, in denen wir den Computer nur als Hilfsmittel (CAD = Computer Aided Design) eingesetzt haben. Mittels künstlicher Intelligenzen sind wir jetzt dazu in der Lage, dieser vorzugeben, was wir bauen wollen. In diesem Zusammenhang ist selbstverständlich auch zu berücksichtigen, dass künstliche Intelligenzen zukünftig selbst lernen werden. Gleichzeitig können sie dabei auf das gesamte Wissen des Internet zugreifen und dieses auswerten. Alltägliche Routineaufgaben, wie beispielsweise die Berechnung von Verlegeplänen für Leitungen oder die für ein LEED-Zertifikat erforderliche Anzahl von Fenstern bzw. Dachfenstern, werden dann selbstständig durch die KI abgearbeitet und sind Teil des generativen Designs. Dabei lassen sich die Ergebnisse dann noch mit Datenbanken der Hersteller vergleichen oder aber mit einem Bauteilmanagementsystem verbinden. Die Folgen sind weitreichend, denn so lässt sich die Baustellenlogistik weiter optimieren und die eigentliche Ausführungsphase noch effektiver gestalten.

Sobald sich der Einsatz des generativen Designs in Verbindung mit den zuvor benannten Regelsätzen als Grundlage für die Erstellung und Prüfung von Bauwerken durchgesetzt hat, wird die Arbeit des Architekten und Ingenieurs sowohl effektiver als auch spannender, weil wir unsere grauen Zellen dann für den wichtigsten Teil des Planungsprozesses nutzen können – die Identifizierung und anschließende Verfeinerung der interessantesten, provokantesten, sinnvollsten und formschönsten Konzepte. Diese Arbeit kann uns kein Computer abnehmen, aber er kann uns auf jeden Fall dabei unterstützen.

Cyber-physisches Produktionssystem – Flexibilität, Intelligenz und Wandelbarkeit

Die Entwicklung cyber-physischer Produktionssysteme (CPPS) steht gerade erst am Anfang ihrer Entwicklung. Derartige Systeme kommen derzeit vor allem noch in der stationären Industrie zum Einsatz und sind auch dort noch nicht durchgängig verbreitet.

Diese sind extrem anpassungsfähig. In Verbindung mit künstlicher Intelligenz werden sich CPPS auf Basis ihrer Umgebung bzw. zugesandte Informationen selbstständig an das Bauprodukt und dessen Umgebung anpassen. So wird gewährleistet, dass selbst bei Auftreten eines unerwarteten Fehlers, der in der Entwicklung des Systems nicht erkannt wurde, eine Anpassung des Systems an das Umfeld erfolgt und somit die Leistungsfähigkeit erhalten bleibt.

Im Kontext mit künstlicher Intelligenz sind die Systeme auch vorausschauend. Gleichzeitig weisen sie eine extrem performante Bedieneroberfläche (UI = User Interface) auf und basieren auf dem integralen Erfahrungswissen aus den bisherigen Wertschöpfungen sowie existierenden Wertschöpfungsnetzwerken.

BEISPIEL

In einem Bauwerk können die CPPS-Daten über Sensoren und Messsysteme in Echtzeit Daten nicht nur erfassen, sondern auch auswerten. Aus diesen erfassten Daten und somit Informationen können die Systeme in einem Bauwerk mittels einer Modellbetrachtung bzw. Simulation intelligent nutzen. Darauf basierend erfolgt eine Interaktion mit dem physikalischen, menschlichen und digitalen Umfeld des CPPS. Verfügt das CPPS über entsprechende Kommunikationseinrichtungen, kann es mit anderen CPPS und dem IoT kommunizieren und bei Bedarf Informationen austauschen bzw. abrufen. Denkbar ist hier beispielsweise der aktive Austausch mit Energielieferanten, um den aktuellen Bedarf des Bauwerks abzudecken. Dabei kann es dann auch ökologische und ökonomische Aspekte berücksichtigen.

Wird das CPPS als Bauproduktionssystem betrachtet, passt es sich im Idealfall dem Bauprodukt, den Auftraggeber-Produkt-Anforderungen, den Auftraggeber-Informations-Anforderungen, dem Anwender und auch dem aus Projektart sowie der Vertragsart resultierenden Informationsbedarf selbstständig an. Die Basis hierzu bilden Prozesse bzw. Abläufe, die in vordefinierten und begrenzenden Rahmenbedingungen, wie beispielsweise den Auftraggeber-Produkt-Anforderungen, vorgegeben werden. Nur so kann gewährleistet werden, dass das breite Spektrum von Anforderungen an ein Bauprodukt abgedeckt werden kann.

Dieses bedeutet in einem Bauproduktionsumfeld ein flexibles Zusammenspiel von Technologie, Menschen, Bauproduktionssystemen und Wertschöpfungsnetzwerken in Bezug auf die Planung, die Produktion und das Betreiben. Aus dieser Flexibilität resultiert eine vereinfachte Betrachtung unterschiedlicher Varianten zur Erstellung des Bauproduktes.

Werden die Grenzen dieser Flexibilität verschoben, erweitert dies gegebenenfalls die Anzahl der möglichen Varianten um ein Vielfaches. Diese Flexibilität setzt voraus, dass erforderliche Anpassungen der Prozesse und der eingesetzten Systeme durchgeführt werden.

Dabei sind folgende Punkte zu beachten:

- Es ist eine Beschreibung und Formalisierung der indirekt und direkt wirkenden Flexibilität auf die globalen Ziele durchzuführen.
- Standards für Schnittstellen und Fähigkeiten der einzelnen Module innerhalb des CPPS sind zu setzen, um flexibel und auch wandelbar zu sein.

- Bei Einsatz eines CPPS sind die sozialen, ethischen, ergonomischen, ökonomischen und ökologischen Auswirkungen zu beachten.
- Das CPPS ist im Bauproduktionsumfeld auf seine Funktion hin zu testen. Der Qualitätssicherung ist besondere Aufmerksamkeit und Sorgfalt beizumessen.
- Die Entwickler müssen für den Bauproduktionsprozess geschult sein und haben idealerweise einen bautechnischen Hintergrund.

Ein intelligentes CPPS wird die Mitarbeiter in der Planung und der Bauproduktion massiv entlasten und das eigentliche Bauprodukt um unberücksichtigte, aber gegebenenfalls erforderliche Funktionalitäten erweitern. Dies insbesondere auch in Bezug auf die Energieeffizienz, den Energieeinsatz für die Bauproduktion und den erforderlichen Rückbau eines Bauwerkes.

Es erhöht die Prozesssicherheit in Verbindung mit Kosten, Qualität und Terminen von Bauprodukten und den dazu gehörenden Bauproduktionssystemen. Gleichzeitig wird die Wartung und Instandhaltung eines Bauwerkes auf ein neues Niveau angehoben, da sich diese Systeme ebenfalls in der Betriebsphase auf Basis der zuvor gewonnenen Informationen aus Planung und Bauproduktion intelligent weiterentwickeln.

Hinzu kommen Einsparungen durch den effektiven Einsatz von Technologie, Ressourcen, Material und Energie.

Die Erwartungen an ein CPPS im Bauwesen sind:

- Eine Erkennung von autonomen sowie wiederverwendbaren Modulen in einer Bauproduktion und idealerweise über mehrere Projekte hinweg.
- Zuverlässige Algorithmen für zentrale und dezentrale Intelligenz, die ebenso robust sind.
- Es soll ein Verfahren entwickelt werden, wie die intelligenten Systeme im Produktionsumfeld arbeiten.
- Einführung von Strategien, wie die Produktion flexibler und wandelbarer wird.

Interessant ist auch, dass ein CPPS die Auflösung der zeitlichen und räumlichen Synchronisation getakteter Bauproduktionsprozesse und -systeme in Aussicht stellt. Dies ist insbesondere in Bezug auf Lean Construction interessant.

Interessant ist hierbei, dass BIM und Lean Construction in ihrer Funktion als Wertschöpfungsnetzwerk ein Fundament für solche Systeme bilden werden. Die in beiden Ansätzen enthaltenen Informationen, die zudem untereinander ihre Abhängigkeiten und Beziehungen zueinander kennen, lassen sich von derartigen System optimal auswerten. Sicherlich sind bis dahin noch erforderliche Anpassungen an den Informationsgehalt der Bauwerks-Informations-Modelle erforderlich.

Die Entwicklung solcher Systeme ist keine kurzfristige Perspektive. Es lässt sich jedoch schwer einschätzen, welchen Verlauf die Entwicklung entsprechender System im Bauwesen nehmen wird. Real ist allerdings, dass Vorstufen solcher Systeme in Verbindung mit BIM und Lean Construction insbesondere im Modulbau bereits Anwendung finden.

Ware in Echtzeit orten

Die digitale Technologie verändert an vielen Stellen unsere bisherigen Produktions- und Lieferketten. So lassen sich Produkte nach der Bestellung mit Hilfe eingebauter RFID-Chips orten und damit überwachen. So lässt sich beispielsweise ein Fertigteil durch ein ausführendes Unternehmen in Echtzeit auf dem Lieferweg orten und die voraussichtliche Lieferdauer ermitteln, sondern auch gegebenenfalls Informationen über den Zustand von Ortbeton auf dem Weg zum Einbringungsort abrufen.

Im eigenen Bauhof oder im Lager der Zulieferer vereinfachen die RFID-Chips das Auffinden und das Überprüfen des Lagerbestands auf Quantität und Qualität. Das manuelle Eintragen im ERP-System, das Scannen der Produkt-Codes und das langwierige und fehleranfällige Prüfen aller Waren per Lieferschein entfallen vollständig. Das automatisierte Auslesen der RFID-Chips und die Buchung im ERP-System lassen es zu, dass auch kleine und mittelständische Unternehmen Inventuren ganz einfach per Knopfdruck im ERP-System erledigen. Wird auch noch eine Verknüpfung mit der Fertigung oder der Produktionsabteilung sichergestellt, ist immer eine Warenauslastung nach Bedarf gewährleistet. Dies wiederum entspricht dem Lean-Gedanken. Das „Smart Warehouse Management" erleichtert damit die aufwendigen manuellen und datenintensiven Lagervorgänge bei Herstellern und Lieferanten.

Weiterer Anwendungsfall der RFIDs in Verbindung mit einem Bauwerks-Informations-Modell ist, wenn deren Daten mit den räumlichen Informationen des Lagerraumes verknüpft werden. Dann können sich Mitarbeiter mithilfe einer Augmented Reality-Datenbrille durch das Regalsystem navigieren und sich auf dem Display alle wichtigen Wareninformationen einblenden lassen. Dabei handelt es sich um sogenannte digitale „Picking-Lösungen". Es liegt auf der Hand, dass die gleiche Herangehensweise auch später im Bauwerk vollzogen werden kann, wenn das Bauprodukt eingebaut wurde. Nach der Fertigstellung eines Produktes können Wartungsmitarbeiter auf Basis der RFIDs direkt an den

Ort der erforderlichen Wartung navigiert werden. Kombiniert man dies noch zusätzlich mit Sensoren, die mittels Informationen und zuvor festgelegten Algorithmen frühzeitig erkennen, ob und wann welche Wartungsarbeiten erforderlich werden, dann lassen sich die Effizienz und die Effektivität in diesem Bereich nochmals steigern.

Die sogenannte „Predictive Maintenance“ spart proaktiv Kosten und reduziert das „Down Time-Risiko“ beim Kunden stark und erhöht damit die Kundenzufriedenheit. Die Wartung findet nur nach Bedarf statt und wird frühzeitig eingeleitet.

Nachwort

Zusammenfassend ist festzuhalten, dass mit Hilfe der berücksichtigten aktuellen und zukünftigen BIM-Anwendungen die Umsetzung von Lean Construction unterstützt und verbessert wird. BIM-Anwendungen müssen dabei nicht explizit und ausschließlich für die Umsetzung von Lean Construction angewendet werden, sondern können in Teilbereichen nur der Erfüllung der BIM-Ziele aus den AIA dienen. Wenn ein Projekt ausschließlich dem BIM-Ansatz folgt, werden einige Lean-Prinzipien und -Ziele teilweise implizit mit umgesetzt.

Die Methoden von Lean Construction sind teilweise bereits teilweise implizit in BIM enthalten. Wird BIM konsequent und vollumfänglich zum Einsatz gebracht, lassen sich die Ziele von Lean Construction vereinfacht erreichen. Hierzu gehört vor allem die Reduzierung von Verschwendung und Fehlern. Insbesondere die Bereitstellung konsistenter Datenmodelle, die immer den aktuellen Stand widerspiegeln, stellt ein nicht zu unterschätzendes Potenzial dar. Einher geht dies mit einer verstärkten Orientierung hin zu einem Bauprodukt und der Konformität desselben mit den Kundenanforderungen.

Aus dem proaktiv geplanten und konsequent umgesetzten Einsatz der beiden Methodiken ergeben sich Chancen, die Methoden aus den beiden Ansätzen optimiert einzusetzen und durch eine gegenseitige Ergänzung zu verstärken. Dabei sind es vor allem die BIM-Methoden, die die Umsetzung der Methoden von Lean Construction in der Praxis optimieren. Gleichwohl verstärkt Lean-Thinking die Potenziale des BIM-Ansatzes und lässt eine zusätzliche Optimierung erwarten.

Wird der kontinuierliche Verbesserungsprozess gelebt und umgesetzt, bietet dies eine völlig neue Sichtweise auf die BIM-Methoden und die BIM-unterstützende Software. Bei der Entwicklung zukünftiger Software-Anwendungen und der Weiterentwicklung von BIM-Methoden und Anwendungen sollte Lean-Thinking eine vorrangige Rolle spielen.

Da beide Methodiken den Wertschöpfungsprozess fokussieren, stellt sich die Frage nach dem „führenden" Ansatz nicht. Wie in den Kapiteln zuvor benannt, stehen die Konformität des Bauproduktes mit den Kundenanforderungen im BIM denen der Kundenzufriedenheit aus Lean Construction um nichts nach. Entscheidend ist hierbei, dass diese im Einklang miteinander stehen.

Entscheidend für die Einführung eines der beiden oder auch beider Methodiken ist, dass sich die Unternehmensleitung klar zu dieser bekennt. Im Zuge einer solchen Implementierung ist zu überprüfen, wie sich diese auf die Vision, die Strategie, das Geschäftsfeld und vor allem auf die Menschen innerhalb und außerhalb des Unternehmens auswirkt. Insbesondere letzterer Punkt erfordert die ungeteilte Aufmerksamkeit aller Führungskräfte. Auch wenn dies sichergestellt ist, muss bei der Implementierung und Umsetzung mit Widerständen gerechnet werden. Diese sind nachvollziehbar und zu respektieren. Bei richtiger Herangehensweise lassen sich diese in der Regel mit der Plausibilisierung der zuvor dargestellten Mehrwerte in eine positive Sichtweise umwandeln. Grundsätzlich ist vor Beginn der Einführung zu überlegen, ob eine Unterstützung durch externe Berater nicht angebracht ist. Wichtig wird in diesem Zusammenhang sein, dass vor allem auch die Führungskräfte über ein breites Wissen hinsichtlich der beiden Methodiken verfügen. Dies muss nicht in einem Detaillierungsgrad vorliegen, die auch die Bedienung von Software-Anwendungen mit einschließt, sondern vielmehr die Kenntnis und das Verständnis der Grundprinzipien beider Ansätze beinhalten.

Beide Methodiken verlangen ein Umdenken hin zu Prozessen. Ohne die klare Definition von Prozessen wird eine Einführung nur schwer möglich. Dies bedeutet, dass die Bau- und Unternehmensprozesse spätestens im Zuge der Implementierung erstellt oder auf den Prüfstand gestellt werden. Die so definierten Prozesse führen oftmals zu einer Standardisierung der Arbeitsabläufe, reduzieren Varianzen in der Umsetzung bzw. Ausführung und verändern nicht zuletzt auch die existierende Arbeitskultur der Mitarbeiter und der an den Bauprojekten involvierten Unternehmen. Ganz elementar betroffen hiervon ist insbesondere die Planung von Bauprojekten, da sich hier ergänzend die Herausforderung einer nicht „ganz" konformen HOAI ergibt. Wie aber in diversen Gutachten bestätigt wurde, kann dies durch Zusatzvereinbarungen zwischen den Parteien geheilt werden.

Ob und wie die Einführung stattfinden soll, also einzeln oder beide gleichzeitig zusammen, hängt sehr stark von der Organisation ab. Aus der Erfahrung heraus sind hier gerade kleinere Organisationen sehr viel agiler und können schneller auf die sich ergebenden Veränderungen reagieren. In diesem Zusammenhang ist zu beachten, dass sich auch aus der digitalen Transformation und dem damit einhergehenden Veränderungsprozess Herausforderungen ergeben.

Unstrittig ist für mich, dass sich die beiden Ansätze einer zunehmenden Beliebtheit erfreuen und sich deren Verbreitung stark beschleunigen wird. Dies ist nicht zuletzt auch den digitalen Technologien und Wertschöpfungsnetzwerken geschuldet, die immer neue Chancen eröffnen. Das Erfordernis zur Einführung der Ansätze ergibt sich auch aus dem Umstand, dass branchenfremde Unternehmen in das Bauwesen eindringen werden und ein Verdrängungswettbewerb alter Geschäftsformen stattfinden wird. Hier werden die zunehmende modulare Bauweise und die damit einhergehende Vorfertigung eine zentrale Rolle spielen.

BIM und Lean Construction bieten daher nur sehr temporär die Chance eines vermeintlichen Wettbewerbsvorteils. Langfristig werden aber ganz andere Maßnahmen und Ansätze erforderlich sein, deren sehr gute Basis BIM und Lean Construction bilden werden.

Die Einführung von BIM und Lean Construction ist kein „Hexenwerk“, erfordert jedoch vor allem eine proaktive Planung der Einführung und konsequentes Handeln.

Glossar

AIA Auftraggeber-Informations-Anforderungen: Spezifizieren die Anforderungen des Auftraggebers und gegebenenfalls der späteren Nutzer oder Betreiber an die Informationen, die im Bauwerks-Informations-Modell enthalten sein sollen.

APA Auftraggeber-Produkt-Anforderungen: Spezifizieren die Anforderungen des Auftraggebers und gegebenenfalls der späteren Nutzer oder Betreiber an das von ihm angestrebte Bau-Produkt.

Augmented reality Unter erweiterter Realität versteht man die computergestützte Erweiterung der Realitätswahrnehmung. Diese Information kann alle menschlichen Sinnesmodalitäten ansprechen. Häufig wird jedoch unter erweiterter Realität nur die visuelle Darstellung von Informationen verstanden, also die Ergänzung von Bildern oder Videos mit computergenerierten Zusatzinformationen oder virtuellen Elementen mittels Einblendung/Überlagerung.

Backoffice Als Backoffice bezeichnet man den Teil eines Unternehmens, der nicht originärer Teil des Kerngeschäftes ist, sondern zu dessen Aufrechterhaltung dient. Typische Aufgaben des Backoffice sind unter anderem: Buchführung, Kreditrisikomanagement, Anrufannahme, IT-Support und Organisation sowie der zentrale Einkauf.

BIM *Als building information modeling*: Kollaborative Arbeitsmethodik des Planens, Bauens und Bewirtschaftens, unterstützt durch ein konsistentes, allen zugängliches digitales Bauwerks-Informations-Modell.

Als building information management: Management-Ansatz zur Strukturierung, Organisation und Vernetzung der Informationen sowie des Datenaustausches innerhalb eines Bauwerks-Informations-Modells.

Als building information model: Digitales Bauwerks-Informations-Modell, welches bauteilorientiert alle geometrischen und beschreibenden Informationen integriert.

CDE Ein Common Data Environment ist eine gemeinsame Datenumgebung, in der der organisierte und strukturierte Austausch von Daten und damit Informationen erfolgt. Die gemeinsame Datenumgebung ist vor Projektbeginn zu definieren und von allen Projektbeteiligten einzusetzen.

CPPS Ein cyber-physisches Produktionssystem, engl. „cyber-physical production system“, bezeichnet den Verbund informatischer, softwaretechnischer Komponenten mit mechanischen und elektronischen Teilen, die über eine

Dateninfrastruktur, wie beispielsweise das Internet, kommunizieren. Ein cyber-physisches Produktionssystem ist durch seinen hohen Grad an Komplexität gekennzeichnet. Die Ausbildung von cyber-physischen Produktionssystemen entsteht aus der Vernetzung eingebetteter Systeme durch drahtgebundene oder drahtlose Kommunikationsnetze.

Disruptive Technologie Technologie, die auf Basis von Innovation eine bestehende Technologie, ein bestehendes Produkt oder eine bestehende Dienstleistung möglicherweise vollständig verdrängt.

ERP Enterprise-Resource-Planning bezeichnet die unternehmerische Aufgabe, Ressourcen wie Kapital, Personal, Betriebsmittel, Material, Informations- und Kommunikationstechnik und IT-Systeme im Sinne des Unternehmenszwecks rechtzeitig und bedarfsgerecht zu planen und zu steuern. Hierdurch soll ein effizienter betrieblicher Wertschöpfungsprozess und eine stetig optimierte Steuerung der unternehmerischen und betrieblichen Abläufe sichergestellt werden.

GMP Der garantierte Maximalpreis (kommend aus dem englisch-sprachigen Raum: guaranteed maximum price, open-book contract) ist ein Bauvertragsmodell. Weitestgehend basiert es auf der Pauschalierung des Leistungssolls. Wie bei diesem wird das vom Generalunternehmer zu erbringende Bau-Soll vereinbart. Der vom Bauherrn für das gesamte Projekt zu bezahlende Preis ist hingegen kein Pauschalpreis, sondern ein Maximalpreis. Einsparungen teilen Auftraggeber und Auftragnehmer nach einem vorher festgelegten Schlüssel auf. Diese Einsparungen ergeben sich meist aus Nachunternehmerleistungen, die günstiger als veranschlagt vergeben werden. Auch die Umsetzung von vorher beispielsweise an Modellen erkannten Chancen und Vermeidung von Risiken tragen zur Reduzierung der Herstellkosten bei. Voraussetzung, damit GMP-Projekte erfolgreich gelingen, ist die frühzeitige, partnerschaftliche Zusammenarbeit von Auftraggeber und Auftragnehmer. Dies schließt Bauherr, GU/GÜ, Planer und Nachunternehmer mit ein. Die Verbreitung des Vertragsmodells in der Praxis ist gering, da es vom Auftragnehmer eine vollständige Transparenz der Kalkulation erfordert, um im Falle von Änderungen, die der Auftraggeber wünscht, den Vorgabepreis anpassen zu können. Der Einsatz beschränkt sich damit auf die Fälle, in denen der Auftragnehmer ohne Wettbewerb beauftragt wird, weil er mit seinem Fachwissen von Beginn der Planung an mit am Tisch sitzt.

GPS Ganzheitliches Produktionssystem.

IoT Internet of Things oder Internet der Dinge (IdD) bezeichnet die Vision einer globalen Infrastruktur der Informationsgesellschaften, die es ermöglicht, physische und virtuelle Gegenstände miteinander zu vernetzen und sie durch Informations- und Kommunikationstechniken zusammenarbeiten zu lassen[28]

IKT Informations- und Kommunikationstechnik (auch Informations- und Kommunikationstechnologie, IuK-Technologie, IuK-Technik, englisch information and communications technology, ICT) ist Technik im Bereich der Information und Kommunikation. Branchenüblich bei Dienstleistung, Handel und Hersteller ist die Abkürzung ITK, die aus dem Verschmelzen der Begriffe und der Branchen IT (Informationstechnik) und TK (Telekommunikation) entstanden ist.

Kollaboration Personen oder Teams parallel arbeiten gemeinsam an einem Teil des Endergebnisses. Ein einzelner Mitarbeiter oder ein Team ist in die Produktion aller Ergebnisse eines Projektes eingebunden. Eine Kollaboration erfolgt dabei fortlaufend und auf einander abgestimmt. Dabei verfolgt der Mitarbeiter oder das Team den zuvor gemeinsam mit allen Projektbeteiligten definierten Projekterfolg.

Kooperation Bei der Kooperation arbeiten einzelne Personen oder Teams an unterschiedlichen Teilaufgaben des Endergebnisses. Das bedeutet, dass die jeweiligen Mitarbeiter oder Gruppen nicht an der Produktion aller Ergebnisse eines Projektes beteiligt sind. Die Bearbeitung erfolgt parallel oder auch nacheinander. Dabei verfolgt der Mitarbeiter oder das Team seinen eigenen, zuvor definierten Projekterfolg.

Methode bestimmte standardisierte Vorgehensweise, die einem Gestaltungsprinzip oder einer Ausrichtung zugeordnet ist, und zur Erreichung von Projekt- und/oder Unternehmenszielen eingesetzt wird.

Methodik festgelegte Art des Vorgehens, die ggf. auch mehrere Methoden oder Werkzeuge beinhalten kann.

Motiv-kompatible Kooperation Zwei oder mehr Projektbeteiligte haben einen zusammenpassenden Antrieb zur Zusammenarbeit und Umsetzung eines Projektes.

PDCA PDCA ist ein iterativer Verbesserungsprozess, der aus vier Phasen besteht. PDCA steht dabei für die Begriffe Plan (Planen), Do (Tun), Check (Überprüfen), Act (Umsetzen). Die vier Phasen des PDCA sind in einem Kreislauf strukturiert und führen zu einem wiederkehrenden Zyklus, der mit der Plan-Phase beginnt. Nach Abarbeitung der einzelnen Phasen führt der Zyklus wieder

28 Internationale Fernmeldeunion: „ITU-T Y.4000/Y.2060 (06/2012), Overview of the Internet of things", abgerufen am 29. Juli 2017.

zur „Plan"-Phase und startet die nächste Verbesserung. Wichtig dabei ist, die Durchführung der PDCA-Methodik kurzzyklisch durchzuführen.

Poka yoke Der japanische Ausdruck Poka Yoke (jap. ポカヨケ, dt. „unglückliche Fehler vermeiden") bezeichnet ein aus mehreren Elementen bestehendes Prinzip, welches technische Vorkehrungen bzw. Einrichtungen zur sofortigen Fehleraufdeckung und -verhinderung umfasst.

Prozess Ein betrieblicher Prozess definiert sich dadurch, dass es einen (internen oder externen) Kunden gibt, der das Prozessergebnis, den Output, abnimmt und dafür bereit ist, einen Wertausgleich zu schaffen. Der Kunde definiert die Anforderungen an den Output (Kundenanforderungen). Die diesen Output erzeugenden Vorgänge/Arbeitsschritte sind in der betriebswirtschaftlichen Definition der Prozess. Der Beginn des Prozesses ist ein klar definierter Auslöser (englisch Trigger); jedes Mal, wenn dieses Ereignis eintritt, startet der Prozess. Bestandteile des Prozesses sind daher: Auslöser/Trigger, Input (ggf. auch als Output eines Vorgängerprozesses), Leistung (die eigentlichen Prozessschritte) und Output. Der Output in der definierten/geforderten Qualität stellt das Prozessziel dar, welches durch jeden Durchlauf erreicht werden soll. Die Erreichung dieses Prozesszieles wird durch klare Kenngrößen gemessen. Die Information über die Zielerreichung zeigt evtl. Handlungsbedarf zur Veränderung des Prozesses an. Die beschriebenen Elemente des Prozesses lassen sich auf verschiedenen Ebenen darstellen: Kundenebene, Inhalts- oder Leistungsebene und Managementebene.

Prozessmodell Prozessmodelle bilden Geschäftsprozesse und deren Aufbau in Unternehmen ab und strukturieren deren Abfolge. Ziel von Prozessmodellen ist die Dokumentation, Analyse, Gestaltung und Kommunikation von Prozessen, welche im betriebswirtschaftlichen Kontext häufig als Geschäftsprozesse bezeichnet werden. Prozessmodelle können in Ist-, Soll- und Referenzprozessmodelle als Untergruppe der Soll-Modelle unterschieden werden und liefern die Grundlage für eine Vielzahl an Einsatzzwecken wie beispielsweise dem Prozess-Benchmarking, der Einführung von ERP-Systemen und der Prozesskostenrechnung.

Synergie Interaktion basierend auf der kombinierten Verwendung von zwei dem Grunde nach unabhängigen Konzepten, die, wenn sie kombiniert werden, eine größere Effektivität erzeugen, als wenn beides einzeln angewendet wird.